NATURKUNDEN

启蛰

探索未知的世界

1900年8月，西伯利亚东部。

在别廖佐夫卡（Berezovka）河岸上，两个拉慕族（Lamoutes）猎人在追踪一只麋鹿的足迹。突然，他们的猎狗跑离路面，冲向几米外的地方。那里藏有一团黑漆漆的庞然大物，上前一看，竟然是一具完好无损的尸体，长得奇形怪状。他们用斧头砍下象牙，把它切割成几段。几天以后，哥萨克人雅夫洛夫斯基通知了地方的首长，首长最后给圣彼得堡的科学院送了一份报告。

圣彼得堡，1901 年 5 月。

三位俄国科学家坐在开往伊尔库茨克(Irkoutsk)的火车里：赫尔茨、塞瓦斯佳诺夫和普菲赞梅耶受科学院之托，准备到西伯利亚运回长毛象。他们带了 1.6 万卢布，用来支付人工、装备和物资费用。

从伊尔库茨克到别廖佐夫卡河，路程遥远，得坐6000千米的雪橇。9月2日，他们来到科林姆斯克。

9月14日，这三位科学家望见在落叶松林子那头，长毛象矗立在空中的脑袋，这动物的身躯和四肢还完全埋在冰雪之中。

为了把这只冻结在地底下的庞然大物挖出来，他们决定烤热泥土，使冰雪融化。他们在长毛象周围，建了一间类似桑拿浴室的木屋，由两具炉子加热……

在阵阵难闻的恶臭中，长毛象的肉渐渐变软了，皮毛脱落，内脏露了出来。它胃里还有百里香、毛茛、龙胆，这显然是长毛象的最后一餐……在泥土里还埋有一堆堆褐色的长毛。赫尔茨、塞瓦斯佳诺夫和普菲赞梅耶三人，花了 6 个星期切割庞大的骨架。

10 月 10 日，工作结束。

好了，最大块的缝进皮袋里，肉、骨头和内脏总共有 1 吨重。但是，怎样保存这些东西呢？西伯利亚的严寒提供了解决之道，用不了一夜，从木屋里搬出来的口袋便一只一只重新冻结了。10 月 15 日，冰封的草原上出现了令人惊叹的景象：10 辆雪橇由马拉着，一字排开，运送着现代人目睹的第一只长毛象。

化石的故事

藏在石头里的洪荒世界

［法］ 伊维特·盖拉尔-瓦利 著

郑克鲁 译

北京出版集团

北 京 出 版 社

目　录

在地球漫长的生命发展史上，人类犹如新生儿。人类对先于自己出现的生物，尤其是已成为化石的生物，有一种莫名的好奇。这些古怪的物体也许藏在某条路旁，也许埋在某片沙滩里，人类一旦看见了，总不免陷入沉思。各种传说逐渐从人类的想象中产生：关于天神和魔鬼的传说，关于妖怪的传说……

第一章
神话与传说

超越死亡而留存的印记（左页图）：鱼的身躯埋藏在沙石里面，变成了石头。

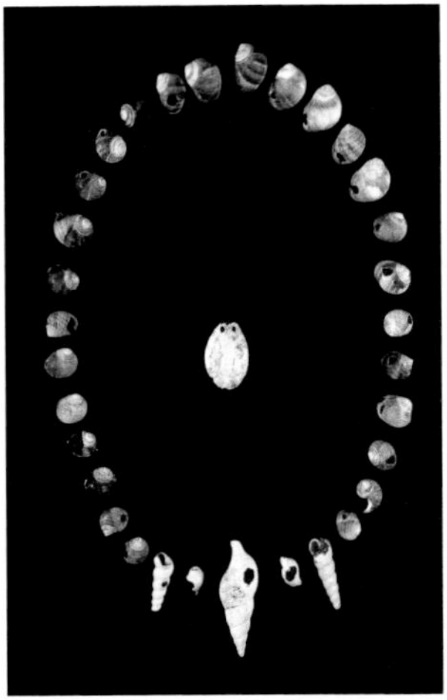

人类对化石的兴趣是从什么时候开始的？也许可以上溯到人类刚开始出现的洪荒时代。因为在法国勃艮第地区的一个岩洞里，曾发现一批腹足纲动物和珊瑚的化石，而这些化石竟属于尼安德特人所有。尼安德特人是大约8万年前的人类，1856年时，因头盖骨在德国尼安德特河谷出土而得名。

贝壳化石穿成的项链（左图），出自约3.5万年以前的克鲁马努人（Cro-Magnon）之手。克鲁马努人是旧石器时代晚期的人。下图是用含化石的大理石制成的人形雕像，是新石器时代的作品（约1万年前）。由此证明，人类发现化石的时间，能够上溯到极久远的时代。

他们是如何发现这些化石的呢？答案是偶然。也许在狩猎返家途中，也许在捡拾果子时，或在为了寻找食物而迁徙的路上，尼安德特人恰好看到这些化石。直到近代人类使用有步骤的科学勘察技术之前，化石出土都得之于偶然。

想象一下，尼安德特人的目光如何为一块特殊的石头所吸引。这块石头使他们想起在某处见过的动物，也许是在一次季节性迁徙中见过的。也可能相反，他们觉得这块石头完全陌生。有时，他们发现的不只是一块，因为这些石头总是集中在一起，形成所谓的化石地层。总之，这些石头令他们迷惑。他们将这些石头一一捡起，可说是收藏化石的开始。

他们为什么要收藏？因为这些石头很好看，还是这些石头有魔力和宗教的功能？现代人恐怕无法替他们回答。

意大利的格里玛尔蒂（Grimaldi）、英格兰的邓斯特布尔高地（Dunstable Down）、法国的伊苏瓦尔（Issoire）等，这些地名象征人类最早的起源。那里的史前岩洞、洞穴和遗址，藏有海胆、菊石、贝壳、角鲨的牙齿，统统都是化石，大多穿

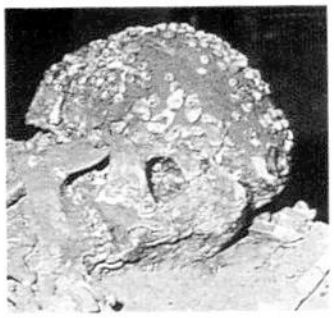

在意大利北部格里玛尔蒂的“孩子岩”里，1875 年发现两具尸骨，一具是老妇人的，另一具则属于青年男子。两具尸骨互相紧靠，大腿蜷缩。他们身边有燧石制成的石器。两具尸骨已转成红色，胯骨和头盖骨上有几排微小腹足类动物的化石（上图）。尸骨的年代，据推断应属于旧石器时代晚期，距今 3.5 万年，在第四冰河期的末期，属于人类祖先——猿人的化石。这时期，长毛象、驯鹿和大羚羊奔驰在草原和苔原上，至于人类，则栖身在岩洞或岩石下的隐蔽处。

了孔，仿佛曾经被人当作护身符佩戴在身上。

在埃及一些新石器时代的遗址中也发现过化石，有些化石上镶嵌着金属，属于古埃及王朝时代的人所有。

在神祇活跃的古代，大量的化石从天而降

古罗马的博物学家老普林尼认为，角鲨的牙齿是石化的舌头，在月食时从天而降。他提出“*glossopetrae*”这个

名字，就是“舌形石”，这个名称一直到 17 世纪都还有人使用。海胆则往往被视为普通石头，和雷电及雨一起降落。老普林尼另有解释：海胆是“孵化未久的小龟，后来变成了石头”，也可能是蛇蛋。有位编年史家写道：“德鲁伊教（druides，古代凯尔特人及高卢人的一种教派）祭司在旗标中画上这种蛋。他们认为这种蛋是至高无上的，有了它，对君主有所求时都能如愿以偿。”

传说盎格鲁－萨克逊的女修道院院长希尔达，想在惠特比地区建一座修道院。但据说这地区曾受诅咒，小蛇成灾。希尔达把蛇变成石头，清理了这块地方。

从天而降的还有琥珀，由天猫的尿凝固而成——浅色的来自雌猫，深色的则来自雄猫。在其他传说中，琥珀是“阳光的精髓”，是神鸟的眼泪，或是变成杨树的山林精灵的泪珠，也有人说它是海水泡沫或“海牛”凝固的口沫。后来的人虽然发现琥珀原本的质地是树脂，却仍然相信琥珀是树脂先在阳光中熔化了，然后在海水里凝固之后才形成的。

状如蜷曲公羊角的菊石（*Ammonites*）

菊石因其旋绕的形状而有“阿蒙角”之称，这是因为，一位埃及的神祇阿蒙（Ammon）长有蜷曲的羊角。巫师利用菊石，使“沉睡的神灵显圣”。中世纪时，人们视菊石如盘曲无头的蛇，尾巴在当中。菊石在英国和德国都被称为“蛇石”。英国约克郡的惠特比城（Whitby）有则传说，说菊石在古代是小蛇，7 世纪的圣女希尔达（Hilda）砍了它们的头。为了符合传说，捡到菊石出售的人，会在其上刻一个蛇头，使它们“恢

上图菊石上的蛇头是手工刻的。但因手法高妙，人们竟然以为菊石总是长了一颗蛇头。

在古埃及，众神之王阿蒙被雕成蜷角羊头的形状。又名“阿蒙角”的菊石，是生存在中生代的头足类动物。

为了纪念传说中的故事，圣女希尔达的故乡惠特比城的纹章上，绘有蛇头菊石。

复原样”。

古人以神怪传说解释化石，例子多得不胜枚举。

面对巨大的脊椎动物遗骸，人类的想象力激荡，可怕的动物、妖魔鬼怪和巨人一一出现

约 5000 年前，古希腊的水手在现在的意大利西西里岛上，埃特纳（Etna）山脚下的岩洞里，发现一大堆酷似巨人骨头的巨大骨骼时，必定非常惊恐。一个个只有一个眼眶的庞大的头盖骨散布在洞里，他们一定是可怕的独眼巨妖，以前可能就住在岛上。如今，水手亵渎了巨人的坟墓，必将招致灾祸，最好是尽快逃走，离开这片土地。

古希腊人聚精会神地倾听旅行者的叙述，想象这些狰

狞怪物的模样，知道他们与自己距离遥远，才放下心来。于是古希腊人相信，西方那边住着一些独眼巨人，是他们妨碍了古希腊人在西西里岛建立殖民地。这种说法代代相传。到了公元前 5 世纪，古希腊历史学家修昔底德（Thucydide）认定，埃特纳山坡正是独眼巨人所居住的地方；在《荷马史诗》中，命运坎坷的奥德修斯，目睹了海神波塞冬的儿子——独眼巨人波吕斐摩斯（Polyphème）——吞噬了他好几个同伴。同时代的哲学家恩培多克勒也附和他的说法。不过他们两人都弄错了。荷马所描述的巨人之邦不在西西里，而是在更北边，靠近那不勒斯的地方。

有好几世纪之久的时间，人们都对独眼巨人的存在深信不疑，而且还为巨人家族添加其他成员。老普林尼曾提到，在希腊克里特岛，发现了希腊神话中巨人奥利安（Orion）的骸骨，有 13 米长。根据古希腊历史学家希罗多德的说法，另一个神话巨人叫俄瑞斯特（Oreste），骸骨要小得多，只有 3.5 米。

据说，在希腊萨拉米（Salamine），也找到了神话英雄大埃阿斯（Ajax）的骸骨。……阿拉伯人也认为独眼巨人存在。中世纪和文艺复兴时期，巨人的传说更是甚嚣尘上，因为探险家陆陆续续在西西里岛发现许多巨人的骸骨。

所谓“独眼巨人”这种生物，在数百万年前确实存在过。只是，它们徒有巨大的臼齿，却从未尝过人肉的滋味。其实，它们是食草动物，长着一对安详的小圆眼！那个神秘的巨人“眼眶”，其实是鼻孔——它们生前有一只长

我们来到独眼巨人的土地上。这些巨人没有法律，信仰不朽的神祇，从来不种植，不耕作。……我们来到附近的村子，看到海边岬角处有一个月桂树覆盖的岩洞。那里关着许多家畜，包括绵羊和山羊。四周有石头嵌入土中，叠成高墙，还长着挺拔的松树和枝繁叶茂的橡树。洞旁躺着一个巨人，他独自远离众人，在放牧绵羊。他僻居一隅，不常和邻居来往，不知道任何法律。这是一个妖怪巨人，不像吃面包的凡人，而像一座树木蓊郁的高峰，孤立于群山之中。

——荷马《奥德赛》

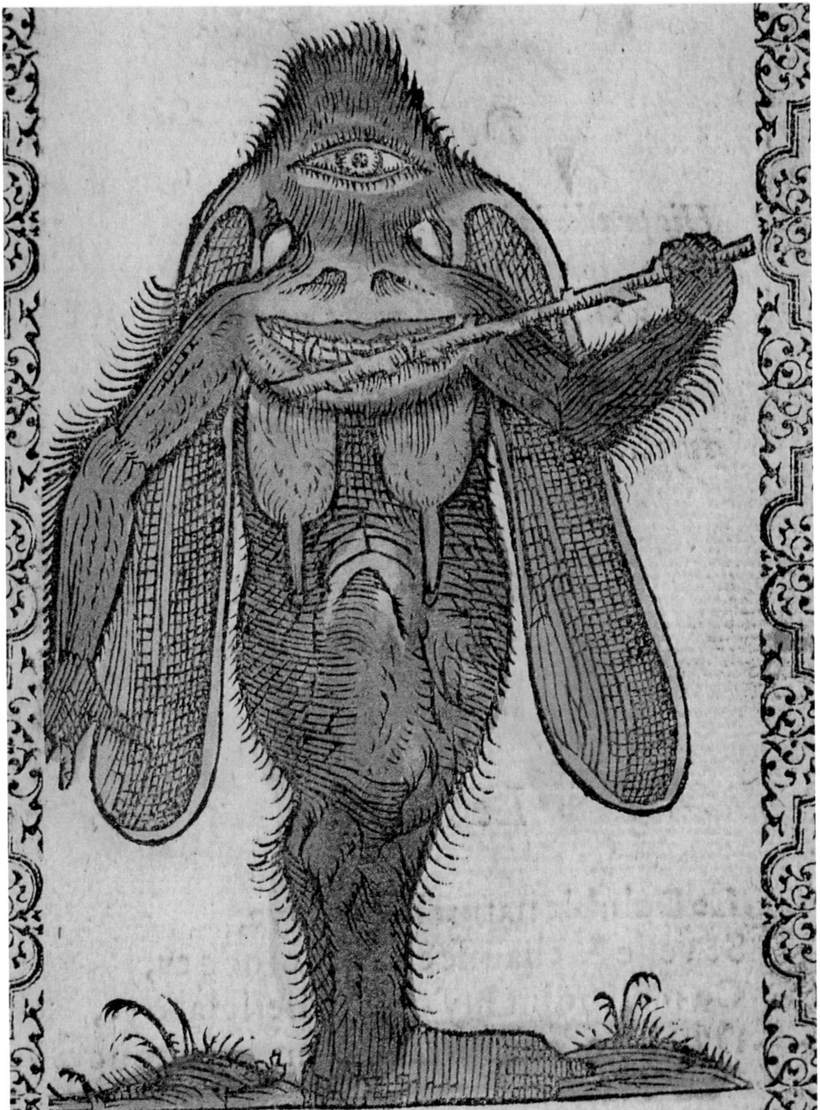

鼻子。事实上，这些巨大的生物乃是矮脚象，从来不伤害别的动物，距今约 200 万年的第四纪初期时，生活在地中海海岛中。人类撞见矮脚象的骸骨时，它们早已灭绝多时，欧洲地区的其他象类也有同样的命运。它们在人类的想象之中，居然变成了可怕的巨人。

“请告诉我，我究竟属于什么物种。”

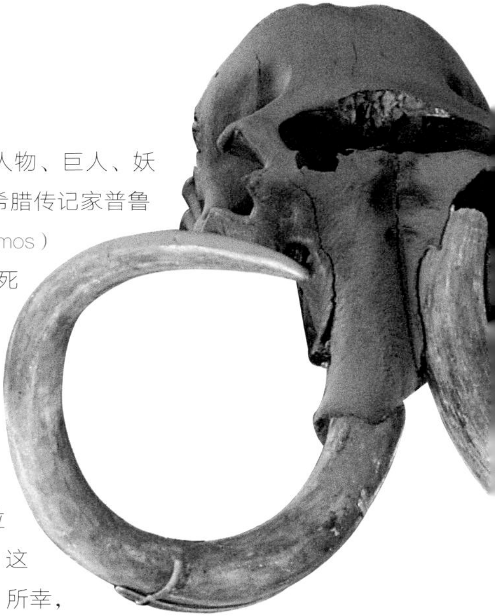

历代以来，到处都传说有神话人物、巨人、妖怪的遗骸出土。公元 1 世纪时的古希腊传记家普鲁塔克就说，在爱琴海的萨摩斯岛（Samos）上，可以找到酒神狄奥尼索斯所杀死的亚马孙女战士的尸骨。

17 世纪，在法国多菲内（Dauphiné），发现了日耳曼“辛布里（Cimbri）之王”特托博舒斯（Theutobochus）的坟墓；比利牛斯山一带，则发现了西哥特人领袖亚拉里克（Alaric）和他旗下战士的坟墓。这些坟墓里头，总少不了巨大的遗骸。所幸，看来都是巨人战败了。

是从天而降的天使，还是有 6 米高的巨人？ 16 世纪，在瑞士琉森的兰登（Randen）修道院附近发现一些骸骨时，大家都在问这个问题。最后的结论是巨人，它的一幅画像还出现在市政厅塔楼的墙壁上。同一时代，在德国施韦比施哈尔（Schwäbisch Hall），一只长毛象的长牙陈列在市政府，还附有这几行字：“公元 1605 年，2 月 13 日，我在哈尔地区纽布罗恩（Newrbronn）附近被人找到。请告诉我，我究竟属于什么物种。”

那是什么呢？也许是身材如巨人的圣徒克利斯朵夫

（Christophe）吧。在西班牙瓦伦西亚找到的一颗长毛象的臼齿，在慕尼黑找到的一节大象脊椎——当然是化石——都算在这位圣人的名下。19 世纪中叶，在东欧的比萨拉比亚地区，人们会围着一副拼凑起来的“圣人骸骨”跳舞，而这些骸骨有些可能是犀牛的骨头。

龙、独角兽和巨鼠，都在传说中有一席之地

奥地利克拉根福（Klagenfurt）有座怪兽的雕像，状如古代传说中的龙，雕刻于 15 世纪与 16 世纪之交。这纯粹是想象的产物吗？不尽然。雕像的头是以一头犀牛的头盖骨为蓝本。这头野兽死于数万年以前，约于 1335 年被发现，一度陈列在克拉根福市政厅。这头生物被当作传说中的龙，因此雕塑家自然就根据龙应有的特性，留下了它的“尊容”。20 世纪初的一位古生物学家阿贝尔（Othenio Abel）指出，这座雕像可以说是最早的古生物复原作品。

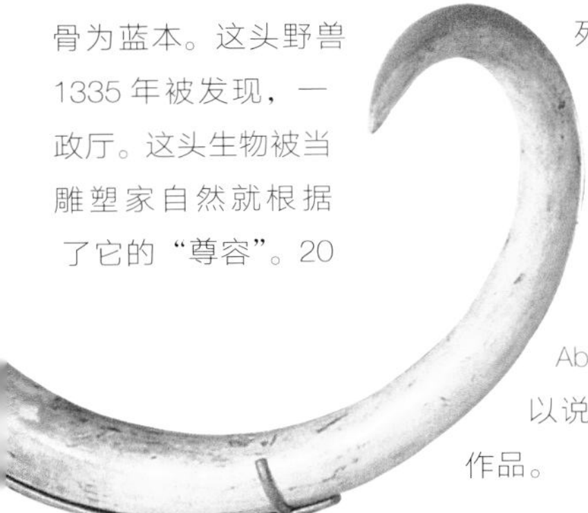

在那个时代，不少学术期刊为龙开辟

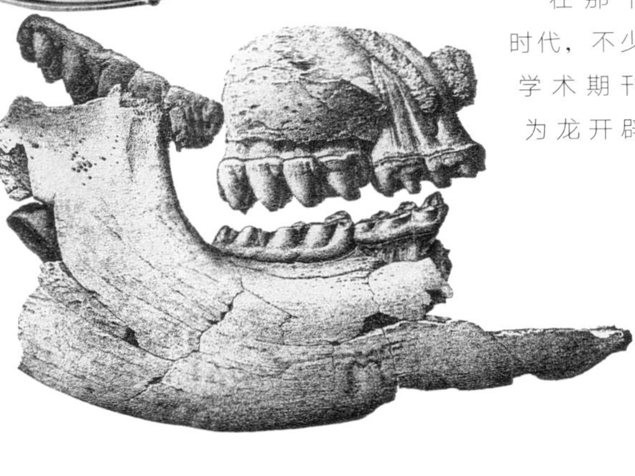

欧洲和地中海沿岸，远古时是今日已经消失的大型哺乳类动物的活动领域。形体最壮硕的一族，属于长鼻目，今日以大象为代表。但第三纪还有别的巨型族类。有一种“*Deinotheriidae*”（“可怕的巨兽”），高达 4 米，下颚有一对长牙。还有在第四纪初期灭绝的乳齿象，长有两对獠牙，一上一下。上牙弯曲的长毛象，则要到第四纪才出现。长毛象跟生活在岩洞里的人类处于同一时代。在西伯利亚的不同地方，都曾发现完整的长毛象尸骨，连长毛一起被冰封起来。

专栏。德国一个学术协会的刊物，谈到1672年至1673年在一些岩洞里发现了龙骨，并有图为证。但我们可由附图发现，那是一头熊的骨头。

20世纪初，奥地利米克斯尼茨（Mixnitz）的人在农庄守夜时，听到勇士屠龙的传说，仍会瑟瑟发抖。300年前，当地人相信，他们找到了这条龙的部分遗骨。但经过研究证明，依然只是一头熊。

中国的龙似乎十分仁慈，常从云端普降甘霖，嘉惠庶民。陆续出土的巨大的“龙牙”和“龙骨”，据说是龙找不到云霓返回天上，留在大地的尸骨。

在西伯利亚，因为发现长毛象的骸骨，助长了这样的传说：有一种大如水牛的老鼠，生活在地下，一照到阳光或月光便会送命。它们在岩石和树林中打洞，迁移时会导致地震。19世纪中叶，达尔文发现南美洲还有类似的传说。

至于独角兽的神话，可能源自地中海东岸地区，而且与印度犀牛密切相关。后来，人们发现了已绝种的长毛象的长牙时，还以为这就是独角兽的角。

有人认为，化石是撒旦为了与上帝较量而“创造”的生物。化石被视为具有魔力，作用与公山羊、魔药等十分接近。但是，恶魔永远不能够恢复生命，上帝仍然是天地间最为强大有力的。

古代的药典中记载了化石的医疗功效

神圣罗马帝国皇帝鲁道夫二世的御医德·博特（Anselme Boece de Boot），于1664年在他的《宝石史》一书中，对化石的医疗价值做了相当完整的说明。其中若干化石的疗效，到几十年前仍然受到承认。

有人说海胆从天而降，能够用来避开雷击，也可以解毒。在苏格兰北部的几个岛上，菊石叫作“crampstone”，意思是“痉挛石”。当地人认为，只要将这种石头放在水中浸泡几个小时，再用浸泡后的水去洗母牛的患处，就可以治疗母牛的痉挛。

深受药师欢迎的箭石，是一种已绝种的头足类动物的圆锥形的壳，可治梦魇和中邪，可医疗伤口和胸膜炎，并可以

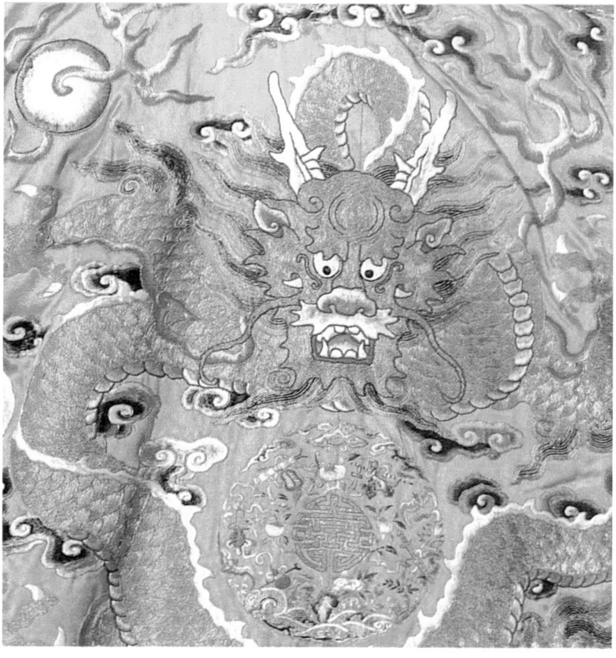

一条粗壮的大蛇，长有利爪和长翼，口吐火焰，永远眼露凶光。这无疑是欧洲传说中龙最常有的形象了。相传有些英雄，如古希腊神话中的赫拉克勒斯、《圣经·启示录》中的米迦勒和英国传说中的圣乔治，战胜了恶龙。中国龙（左下图）则威严而仁慈，长角，有爪有鳞，脊骨布满尖尖的鳍。它的能力来自一颗吞吐自如的龙珠。如果这颗龙珠被夺走，龙就会丧失一切能耐。龙、妖怪、巨人经常出没于一切古文明之中。对于纳瓦霍（Navajo）印第安人来说，散布于美国亚利桑那地区完全石化的巨大树干，就是妖怪巨人耶特索（Yetso）的骸骨。纳瓦霍人的祖先初临这片土地时，不得不杀死这些怪物。对其他部落而言，这些树干却是雷公投出的箭杆，或是在天神和巨人的搏斗中，落在地上折断的武器。

治感冒，清洁牙齿，驱除马的寄生虫（让马喝下浸过箭石的水）。箭石还能医治人和马的眼疾，用法是先捣碎化石，然后将粉末吹进眼睛里。

一位编年史家说，琥珀可碾成粉末，溶于油中，或做成糖果、护身符、项链（这种习俗直至20世纪还用于儿童身上），“举凡易流泪、心脏病、脑病、气喘、结石、水肿、出血、牙痛、痛经、难产、痛风、癫痫、重伤风、关节痛、胃痛、鼠疫、梦魇……都有疗效。琥珀抗毒，是防止中邪的护身符”。总之，“琥珀的功能令人惊叹，简直可称为‘欧洲膏药’”。

海胆的壳被当作蛇蛋。老普林尼说，人们收集海胆壳，因为这些蛋是“至高无上的，有了它，对君主有所求时都能如愿”。

琥珀只不过是树脂化石，有时里面还有昆虫的遗骸。下图的琥珀里，有一只有翼的蚂蚁，年代距今约4000万年。

蟾蜍石（实际上是鱼的牙齿化石）也有魔力，据说是在蟾蜍的脑袋里形成的。

角鲨的牙齿，也就是老普林尼所说的舌形石，碾成粉末以后，可以治疗蛇咬、呕吐、发烧、中邪，还可当作护身符随身携带。因为舌形石有辟邪和解毒功效，所以从中世纪到 18 世纪，人们习惯在餐桌上搁置树枝状的装饰品，上面悬挂各式舌形石。

在深受毒药困扰的时代，人类迫切需要解毒剂。中世纪挂在树枝状金银器上的舌形验毒石，是每一场宴会的必备物品。这些金银器，有的也是非常精美的工艺品。

从古至今，中药都大量使用化石。龙在中国人眼中是吉祥物，能救人。18 世纪中国的一则病例，载明龙的骨头、牙齿和角有极大的疗效。龙骨可生食、油煎，或者以黄酒煮，食用后可治百病，从便秘到梦魇、癫痫、心脏病、肝病等等。

在 19 世纪和 20 世纪初期，中医对欧洲古生物学家的研究大有帮助，因为最早就是在中药房里发现了长毛象的遗骸化石。可惜这些化石已经过处理，而且无法追溯发现的地点，这对科学家来说是严重的缺憾。但这些骸骨还是丰富了欧洲的化石收藏，而且有助于我们更深入了解地球上生命的演进。

化石的种种传说，反映人类对生物历史的关心

过去有关化石的解释，尽管显得荒诞无比，但是毕竟代表了人类为了阐明自然现象所做的努力。人类曾囿于知识，无法了解化石的本来面目，但始终锲而不舍，希望在天地和历史之中为化石寻找一个恰当的位置。

合理解释化石，最后变成学者的责任。我们在下一章可以看到，这艰巨的任务充满了摸索和犯错。

“独角兽的角”（其实是象牙、犀牛角或一角鲸的角化石）在亚洲是万应灵药，在欧洲也是一样。1700年，符腾堡宫廷的药师曾购进60只“独角兽的角”。

第四纪时，西印度洋的马达加斯加岛上有一种巨鸟，高2.7米，名叫象鸟（*æpyornis*）。这种鸟与最早的人类生存于相同时代，今天已经灭绝。希罗多德、马可·波罗和波斯的传说，都提到过这种鸟。

太阳即将西沉，天空骤然变得黝黯，仿佛罩上了一层浓云。我正因天色变暗而吃惊，当我发现，这是由于有只大得惊人的巨鸟向我身旁飞来的时候，更是吓得目瞪口呆。我记起从前常听水手提到一种叫作“岩石”的鸟。我猜，眼前的大球，大概就是这只鸟的蛋。果然，这只鸟落下来孵蛋。看到巨鸟飞来时，我紧紧地靠近蛋，一只鸟脚就落在我的面前，这只脚竟然粗得像一棵大树。我使劲抱住这只脚。……天刚亮，巨鸟便起飞了。飞得好高好高，我连地面也看不到了。

——《一千零一夜》

在神话盛行、传奇深入民间的时代，学者已开始逐步摸索事情的真相。然而，经过漫长的探讨、思考和臆测，化石的本来面目仍是个谜。

第二章

探索化石的本来面目

研究者埋头探索，雕塑家努力创作，收藏家勤于收集。化石写入书中，放置在古物陈列室里，也经常浮现在人们的脑海中。

古希腊的科学家已具有正确观察和说明事物的能力。他们对化石的描述及评论，最早可以上溯到公元前 6 世纪。古希腊哲学家阿纳克西曼德、毕达哥拉斯、色诺芬以及历史学家希罗多德都指出，贝壳化石和鱼的印迹是从前生活在海洋中的生物遗骸，而这些化石之所以在陆地上被发现，是因为远古的海洋已经变为陆地。

由此可知，对化石唯一正确的解释，其实早已出现：化石是生物的遗骸，那些生物生活在远古时代，生活在与目前迥然不同的条件下。

但是，公元前 4 世纪的亚里士多德则认为，化石是自然生成的，是地底深层“气体蒸发”而形成的。这种假设在整个中世纪，甚至更晚的时代，还经常被引用。

公元前 1 世纪的罗马作家卢克莱修、贺拉斯和奥维德沿袭了古希腊学者的观点。由公元 1 世纪老普林尼《自然史》一书，可以看出他还是深受古老怪物传说的影响。

公元 1 世纪，古希腊地理学家斯特拉蓬（Strabon）对在内陆发现的化石，提出确切的解释。他说，这是因为各大陆的底部并不稳定：“陆块底部有时隆起，有时又陷下。这时，海洋也跟着升降。海洋升起时，就淹没了周围的陆地。”可惜当他提出这种解释时，希腊的科学活动已逐渐沉寂下来，而人们对化石的好奇心也逐渐消失。

欧洲在中世纪时遭受蛮族入侵，这在当时是大事，远比化石来得重要

在中世纪，罗马帝国时期留下来的学校逐一关闭。只有预备成为教士的人，才有机会接受非常粗浅的教育。当时主要的文化生活中心是修道院，而修道院的活动则以宗教为唯一的重点。

在 12 世纪，随着城市的勃兴，知识也开始更新。但是，

在整个中世纪，古代的典籍是通过人工抄写而流传的。博物志之类著作在其中占有一席之地，并且往往配有幻想式的细密画。左页图出自老普林尼的著作，本页上图是《物性论》一书的插图。

人类对化石的认识，并没有进一步地发展。

此后，城市纷纷设立学校，变成思想产生与传播的中心。有大学生和教师聚集的大学，出现于 12 世纪末和 13 世纪初。但在大学里，授业要遵循《圣经》与神职人员的规定与教诲，科学只是神学的一部分。对宇宙的一切解释，以及对万事万物的成因和年代的说明，都要依据《圣经》。不论是宇宙的起源、

巴黎大学在 13 世纪时，整合了当时兴起的各种课程，成为欧洲首要的大学。这是一所学科齐全的学校，开设一切世俗与宗教的学科，包括四大学院：神学、医学、教规（符合教规的法律，亦即宗教法）和艺术。艺术这个学院，大约相当于我们现在的中等教育，教授“七大艺术”（文法、逻辑、修辞、算术、几何、天文学和音乐），其中有一部分课程沿袭传统，而自然科学等课程则是新的。大学并未采用观察和实验的方法，学生只是有系统地研读古人的典籍，特别是亚里士多德的著述。他的《气象学》是自然科学的必读教材。左图是一幅描绘学校生活的 13 世纪图画。

植物和动物的形成、人类在地球的繁衍等问题，都不例外。

如果不遵循宗教教条，所付的代价是被逐出教会，而一次惩罚就足以使受罚者永远脱离社会。直到好几个世纪之后，科学研究和神学研究才得以分开，拥有各自的领域。

随着文艺复兴到来，出现了一批文化精英，热衷于探索自然界的各种现象

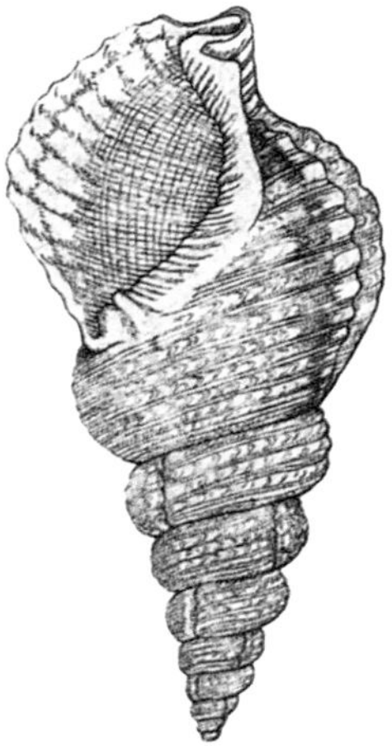

这股探索的浪潮在往后几世纪越来越壮大。从此以后，有教养的不仅是修道士，还有世俗之人。世俗的学者非但精通医学、天文学、数学、工程学，往往还熟谙炼金术和巫术——这是两种可以获得丰厚收入的技能。学者享有崇高的声望，在赞助者的保护之下，金钱不虞匮乏，而能全心投注于观察，终日研究和思考。这些学者逐渐形成流派，有学生和门徒追随。由此又产生了一批新起的业余学者，他们到处旅行，互通书信，讨论各种问题，传播新的理论。到了15世纪末，印刷术和廉价布浆纸发明出来了，更促进了这种研究风气。

人们对自然科学变得异常着迷。“古怪的”发现层出不穷。收藏丰富的珍奇古物，往往不加区别地混杂在一起，成为五花八门的“古物陈列室”：化石和绘画、雕塑、水晶器皿，以及形形色色的动物骨架与标本（有些是真正的奇兽标本，有些则是由来源不明的各种骨骸拼凑起来的），都并列在一起。当时把一切从地下挖掘出来的东西都称为化石，包括各种生物遗骸、石化物、矿物，甚至史前的工具。

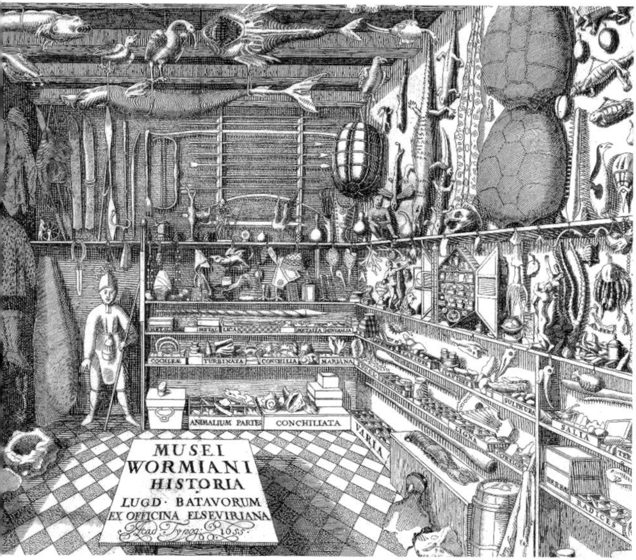

贵族以拥有古物陈列室而自豪。他们乐于把自己的财产，投资在古物的收集上。在欧洲哈布斯堡王朝的宫廷里，国王和亲王们竞相收藏古物。18 世纪时，这股潮流达到顶峰。光巴黎一个地方，1742 年就有 17 个古物陈列室，1757 年有 21 个，1780 年则有 60 个。其中最著名的，莫过于富豪德·拉·莫松（Joseph Bonnier de la Mosson）的古物陈列室。这些收藏品，有些成为今日博物馆的一部分。

在中世纪和文艺复兴时期，科学的世界和魔法的世界并行不悖，而且往往混杂在一起。大部分卓有声誉的学者，也同样虔诚地研习炼金术和星相学，从而拥有人们眼中“神秘的能力”，政治家常向他们讨教。

有人开始编纂这些收藏品的目录。第一部化石收藏集出版于 1561 年，而第一部化石目录集——萨克森（Saxe）的化石收藏目录则于 1565 年在苏黎世问世，是由瑞士博物学家格斯纳（Conrad Gessner）编纂的。当时最出色的一批收藏品，属于 1585 年上任的教宗西克斯图斯五世（Sixtus V），并由梵蒂冈植物园主任梅卡蒂（Michele Mercati）编造收藏品清册，包含史前工具、化石和重要的矿石。不过，这部《梵蒂冈矿物集》到 1719 年才出版。

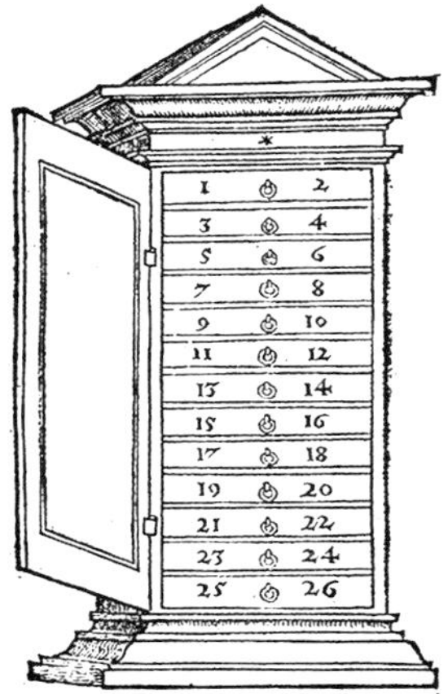

ARCA RERVM FOSSILium Ioan.Kentmani.

1	TERRAE	2	SVCCI NATIVI.
3	EFFLORESCENTES	4	PINGVES
5	LAPIDES	6	LAPID. IN ANIMALIBVS
7	FLVORES	8	SILICES
9	GEMMAE	10	MARMORA
11	SAXA	12	LIGNA IN Saxa corporata.
13	ARENAE	14	AVRVM
15	ARGENTVM	16	ARGENTVM VIVVM
17	AES SEV CVPRVM	18	CADMIA MET. PLVMBAGO
19	PYRITES	20	PLVMBVM NIGRVM
21	CINEREVM	22	CANDIDVM
23	STIBI	24	FERRVM
25	STOMOMA	26	MARINA VARIA

Quicquid terra sinu, venisq; recondidit imis,
Thesauros orbis hæc breuis arca tegit:
Laus magna est tacitas naturæ inquirere vires,
Maior in hoc ipsum munere nosse Deum.
Georg. Fabricius.C.

意大利的矿物学家阿尔德罗万迪（Ulisse Aldrovandi），把自己的收藏编成 87 卷目录。他这部《矿物博物馆》在 1648 年出版，书中列举了脊椎动物的化石。

17 世纪，西方最早的科学期刊问世。1665 年法国出版了《学者通讯》，英国出版了《皇家学社哲学通讯》。科学开始在知识分子中间普及。从此以后，由于各国学者相互的合作，以及学者与业余研究者之间的合作，加上知识的传播，科学日益发展。

格斯纳在 1516 年生于苏黎世，以研究动物学和植物学闻名，著有《化石全编》。他致力于将各种出土物分类，并把这些出土物称为“化石”。他把各类化石摆在编了号的抽屉里，并制作了相应的表格，填写每样化石的名称（左图）。

阿尔德罗万迪是意大利文艺复兴时期的学者。他研究过数学、拉丁文、法律、哲学和医学，然后在意大利博洛尼亚大学教授逻辑学和博物史。他与教会有过一些纠纷，但是在教皇格列高利十三世（Grégoire XIII）的资助下，发表了许多博物史著作。其中《矿物博物馆》一书，由他自己作插图（左图为卷首插画，下图则是一张化石的插图）。他还创建了博洛尼亚的植物园。

知识分子赶时髦，纷纷探索化石的起源，提出各种异想天开的解释，听来又荒唐又可笑

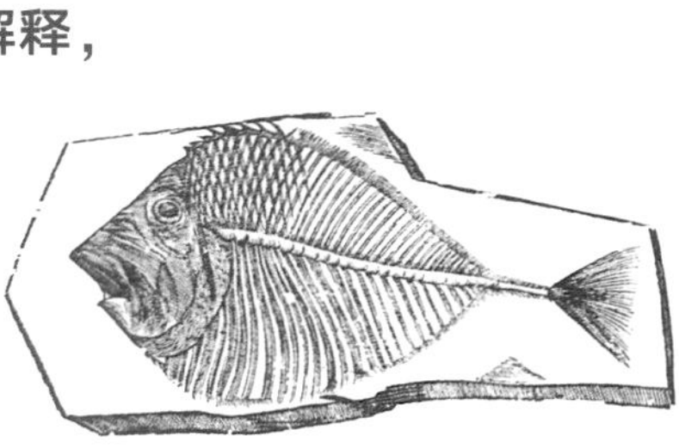

文艺复兴时期，也是预言家和星相学家当道的时代，有些学者难免受到这方面的影响。人们相信星球或者奇异力量所起的作用，并由此创造出一些奇怪的名词，例如塑造力、化为

石头的液体、强力物质等。他们不赞同某些古希腊学者说的，化石是有机成因的产物，反而提出各种古怪的说法。

有人说化石来自微小的石头种子，这些种子在地底下成长，最后也死在地下。罗比奈（Jean-Baptiste Robinet）说，化石显然是“造物主的败笔”，否则不会没有生命。他甚至坚持说，大自然经由创造出人体形状的化石，“学会了如何创造人体”。他还用许多插图来证明这论点。

还有些人认为，化石是撒旦创造出来的，为的是跟上帝相抗衡，但结果徒劳无功。也有人在问，为什么不干脆

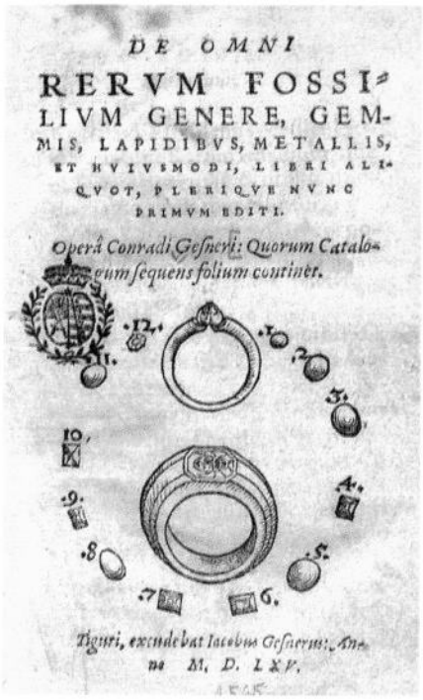
DE OMNI
RERVM FOSSI-
LIVM GENERE, GEM-
MIS, LAPIDIBVS, METALLIS,
ET HVIVSMODI, LIBRI ALI-
QVOT, PLERIQVE NVNC
PRIMVM EDITI.
Operâ Conradi Gesneri: Quorum Catalo-
gum sequens folium continet.
Tiguri, excudebat Iacobus Gesnerus: Anno M. D. LXV.

将化石视为大自然偶发的“游戏”呢？

1565 年，格斯纳在《化石全编》中列举了各种形状的矿石，包括化石（他称为“形象石”）。书中，他也用精美的插图，描绘了当时已知的主要化石。

下图是格斯纳所作的化石插图。这种海百合(一种棘皮动物)的化石，名叫“pierre stellaris”，意思就是星星石。

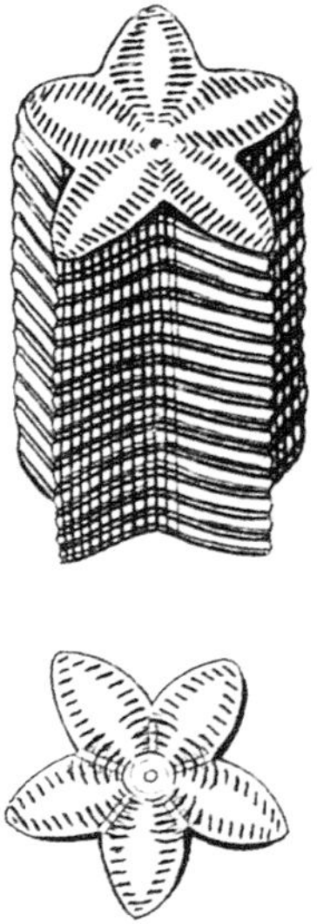

中世纪时期，仍有一批有真知灼见的人，采用了较合乎理性的看法

古希腊学者对化石的正确见解，并没有完全被遗忘。他们的手稿通过阿拉伯哲学家的翻译，传到了西方。10 世纪左右，波斯人阿维塞纳（Avicenne）也写了一本《论矿物》，指出了化石的真正性质。

在 13 世纪，曾任拉蒂斯博纳（Ratisbonne）主教的阿尔贝特（Albert le Grand），研读过阿维塞纳和古代的著作。他虽然不赞同其中的部分观点而有自己的想法，却接受他们对化石的解释。

在同一时期，英国方济各会修士罗吉尔·培根（Roger Bacon）积极倡导研究和实验，力主创造新科学，摆脱古人的学说桎梏。后来，他竟因此被视为异端，在狱中度过 14 年。那时，还有一些学者提出理论，探讨形成山岳和沉积岩地层的原因。

16 世纪时，博学多能的达·芬奇对化石也极感兴趣。他断然否定亚里士多德的自然发生说，正确地解释了化石的生成，也成为地层学研究的先驱之一。

半个世纪以后，“既不识拉丁文，也不识希腊文”的制陶人贝利西（Bernard Palissy），收集并观察贝壳和鱼类的化石。“我画了几幅石化贝壳的插图。在阿登山脉曾发现成千个这类化石。其中除了贝壳外，还有鱼类。……就我的发现，这些变成化石的鱼和贝壳，种类之多，

贝利西力排众议，公开宣称：“在这些所谓的贝壳变为化石之前，造出贝壳的鱼类生活在里面。”听他演讲的有医生、外科医生、数学家和大批好奇的人。

超过现今生活在大西洋中的鱼和贝壳。”大约在 1580 年，他面对着一群震怒的巴黎大学博士，极力驳斥自然发生说，主张化石乃是远古生物的残骸。这位未受青睐的天才，后来因宗教信仰问题而遭监禁，死于巴士底狱。

最早正确辨识出的化石，包括贝壳和鱼

造出“形象石”一词的格斯纳，曾指出舌形石和鲨鱼牙齿之间相似的地方。1616 年，法国地质学家柯洛纳（Fabio Colonna）发表了一篇论文，指出舌形石确实是鲨

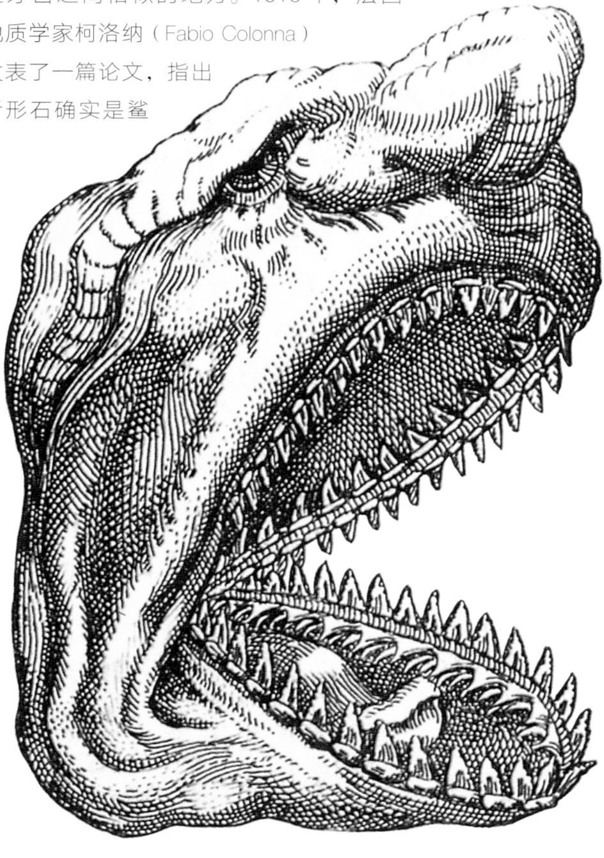

人们花了很长的时间，才确认了舌形石（右页下图）和可怕的角鲨利齿（左图）之间的关系。即使如此，舌形石仍然没有完全失去魔力。17 世纪的德国哲学家莱布尼茨曾说，舌形石的治疗功效被夸大了，但他还是推荐用舌形石来清洁牙齿！

鱼的牙齿，常和海洋软体动物贝壳一起被发现，而这些贝壳也是生物的残骸。50多年以后，一位技术精良的丹麦解剖学家史丹诺（Nicolas Sténon），检查过刚从地中海捕获的一只大鲨鱼之后，也确认了舌形石就是鲨鱼牙齿。我们不清楚史丹诺是否知道柯洛纳的著述，至少他自己没有提起。史丹诺说，舌形石不是从石头中生长出来的，而是埋在一种软泥里，后来由于地层上升，在海拔很高的地方被发现。

史丹诺提出了地层学的基本观念：上面的地层总是比它下面的地层要年轻

自此之后，就可以按照合理的年代顺序来研究化石，而地质学和化石两者的关系也变得密不可分了。

史丹诺于1665年受邀迁居意大利，两年后由新教改信天主教。到了40岁时，或许感于他的科学发现与宗教信仰无法协调，他放弃了科学活动，穿上了教士服。

史丹诺的理论在知识界引起激烈的争论。他曾和意大利以外的博物学家有过许多接触，特别是伦敦皇家学会的学者，因此他的影响力相当广泛。

1665年，史丹诺在佛罗伦萨定居。大公爵斐迪南·德·美第奇二世（Ferdinand II de Médicis）答应让他在城里一所医院里继续研究。后来有人奉大公爵之命，送鲨鱼头来供他解剖，由此而正确鉴别出所谓的“舌形石”是什么东西。

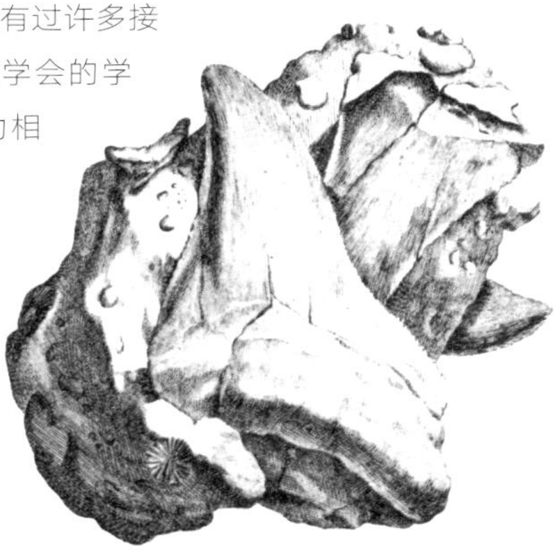

巨大的鲨鱼属于板鳃亚纲，是软骨鱼，因此很少发现其骨骼的化石。但鲨鱼牙齿的化石倒是常常见到。

究竟有没有巨人？正反两方各执一词

1613 年 1 月的某一天，在法国南部罗曼（Romans）附近的砂石矿中，工人们挖出一批巨大的骨骼与一颗牙齿。当地领主德·朗贡（Nicolas de Langon）侯爵征询蒙彼利埃大学专家的意见，结果得到如下的答案：这是人骨，巨人的骨头。法国南部格勒诺布尔（Grenoble）大学的专家也支持这个判断。以后的几年，这项发现引发了学者间激烈的争论。有些学者质疑上述判断，认为那些骨骼是大型动物的遗骸，也许是大象，也许是犀牛，也可能是鲸鱼。这场论战非常激烈，有时还夹杂了刻薄的人身攻击，甚至常造成外科医生（当时亦身兼理发师）、医生以及解剖学家几派人马相互之间大动干戈。

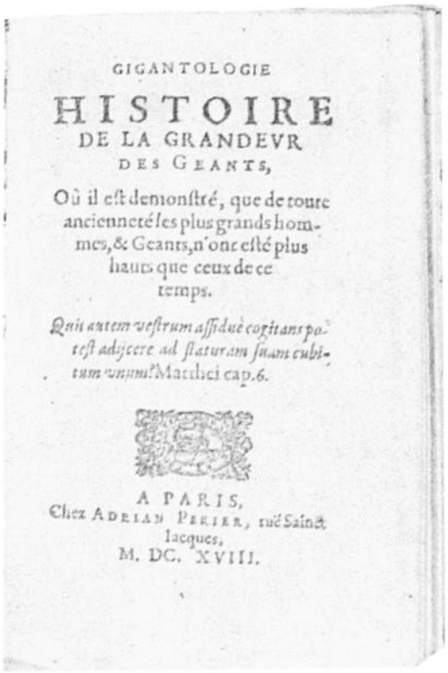
GIGANTOLOGIE

HISTOIRE
DE LA GRANDEVR
DES GEANTS,

Où il est demonstré, que de toute ancienneté les plus grands hommes, & Geants, n'ont esté plus hauts que ceux de ce temps.

Quis autem vestrum assiduè cogitans potest adjicere ad staturam suam cubitum unum? Matthei cap. 6.

A PARIS,
Chez ADRIAN PERIER, ruë Sainct Iacques,
M. DC. XVIII.

持“巨人存在说”的外科医生兼解剖学家阿比科（Nicolas Habicot）写了一本《巨人学》，引起解剖学家兼植物学家黎奥朗（Riolan）教授的反击，出版了一本《巨人史诗：对巨人学的回应》，书中不时将批评的矛头指向外科医生同业公会。这场文字战到 1618 年才告一段落。那批巨大骨头后来下落不明。但是在 1984 年，那颗牙齿经鉴定，被认为是属于一种叫“*Deinotherium giganteum*”的早期象类。

争论的激烈反映了一个事实：在 17 世纪初期及稍晚，人们面对大型脊椎动物的骨骸时，虽然已开始寻找合理的解释，但固有的传说仍然坚守地盘。

马聚里埃（Pierre Mazurier）是理发师兼外科医生，他从德·朗贡侯爵那里拿到几块巨大的骨头，然后游走各个城市，向喜欢观赏稀奇古怪事物的观众展示并收费。他说，这是罗马时代一位日耳曼部族首领的遗骨。这位首领叫作特托博舒斯，曾经率领一支 400 人的军队，掠夺高卢（现在法国一带）和伊比利亚半岛，最后于公元前 102 年被罗马执政官马略（Marius）击败。在公元前 2 世纪时，这些日耳曼部族确实带给高卢人和伊比利亚半岛居民很大的恐惧。难道这位凶暴的日耳曼部族首领是个巨人？为了支持自己的说法，马聚里埃声称，长达 7.5 米的骨骼和一颗重达 5 公斤的牙齿，都是出土于一座刻着巨人拉丁文名字的坟墓里。当然这些刻字谁也没见过。有几块骨头，后来一度置放在法王亨利四世的王后玛丽·德·美第奇（Marie de Médicis）位于枫丹白露的寝宫中。

1678年，在《地底世界》一书中，耶稣会教士基歇尔（Athanasius Kircher）列举了一长串巨型遗骨的清单，但是他并没有人云亦云地接受巨人的神话。基歇尔否定了14世纪作家薄伽丘的估计，说巨人波吕斐摩斯身高91米，他认为9米比较合理。这可说是对巨人的传说猛烈一击，从此，有关巨人的传说开始逐渐走向末日。

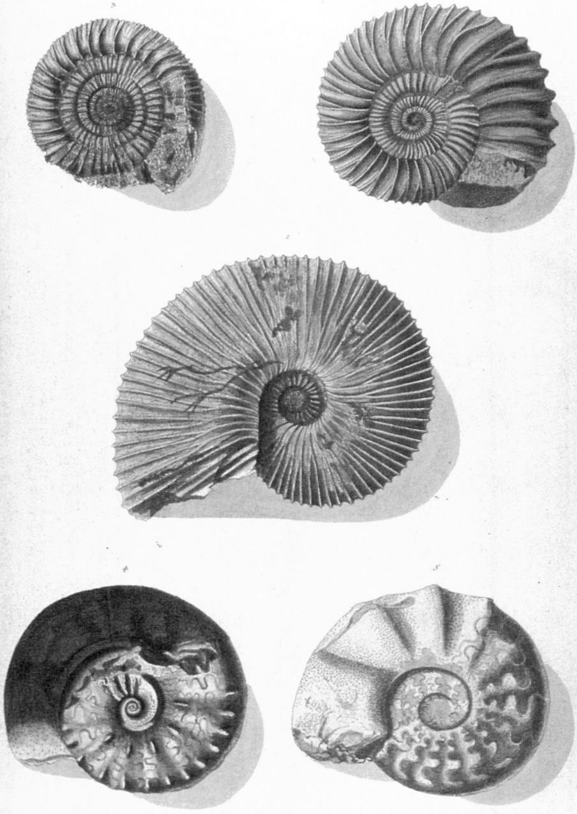

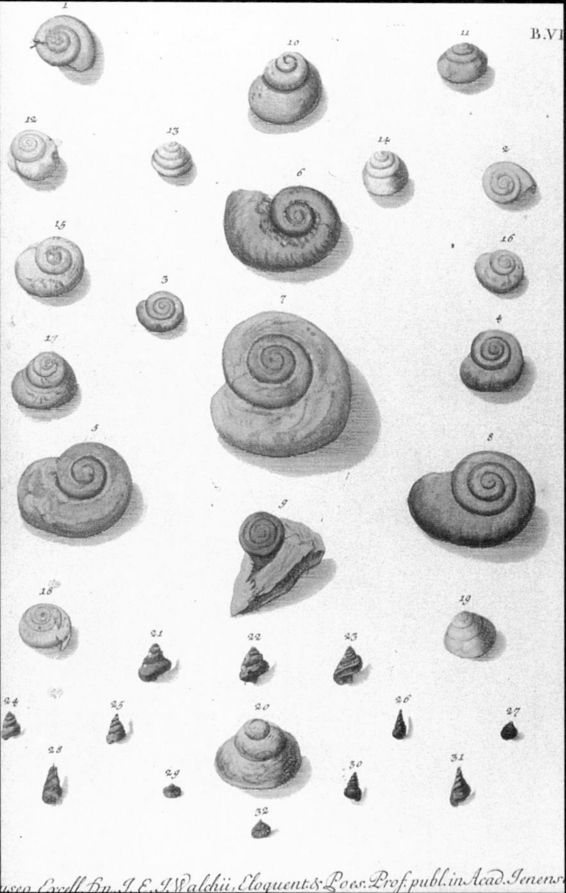
B.VI
useo Excell. Dn. J. E. J. Walchii, Eloquent. & Poes. Prof. publ. in Acad. Jenens

大自然的奇迹

1755 年至 1778 年，克诺尔（Georg Wolfgang Knorr）和瓦尔希（Johann Emmanuel Walch）在纽伦堡发表了一部著作，共有 4 卷，题为《大自然的奇迹和地球古物的收藏，含石化物》。大部分文章是由瓦尔希执笔的，而书中的彩色插图（左页是菊石，本页是腹足纲），则是由博物学家克诺尔亲自绘制的。他们尝试说明那场撼动地球表面的“灾难”。克诺尔和瓦尔希估计，灾难延续的时间有几千年之久。他们下结论说，并非所有的化石都属于同一年代，因而化石的起源可能有不同的原因。就当时来说，这是饶有创意的假设。

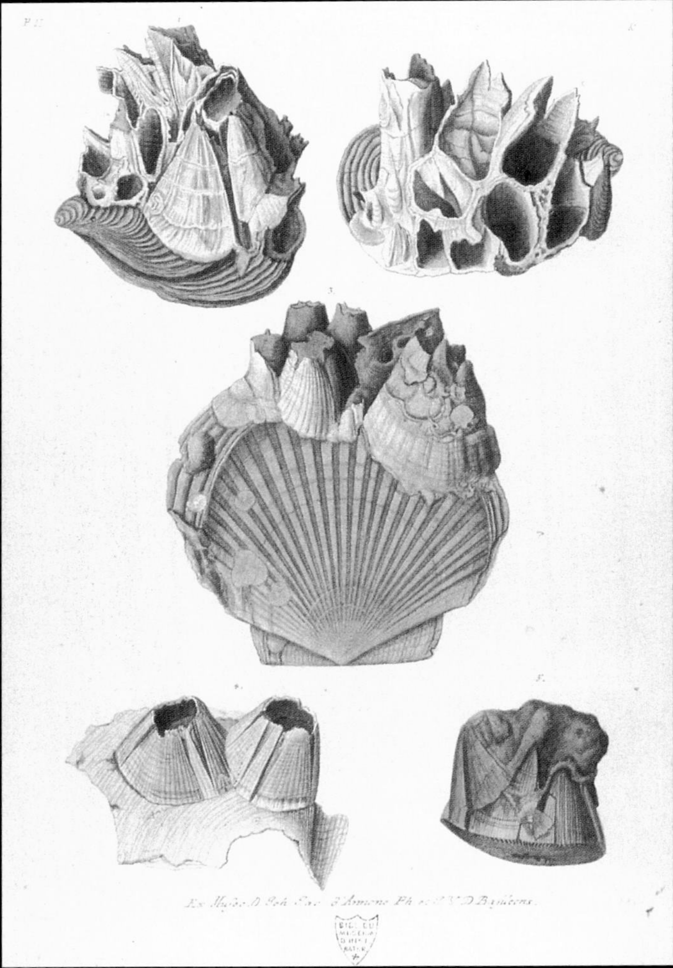

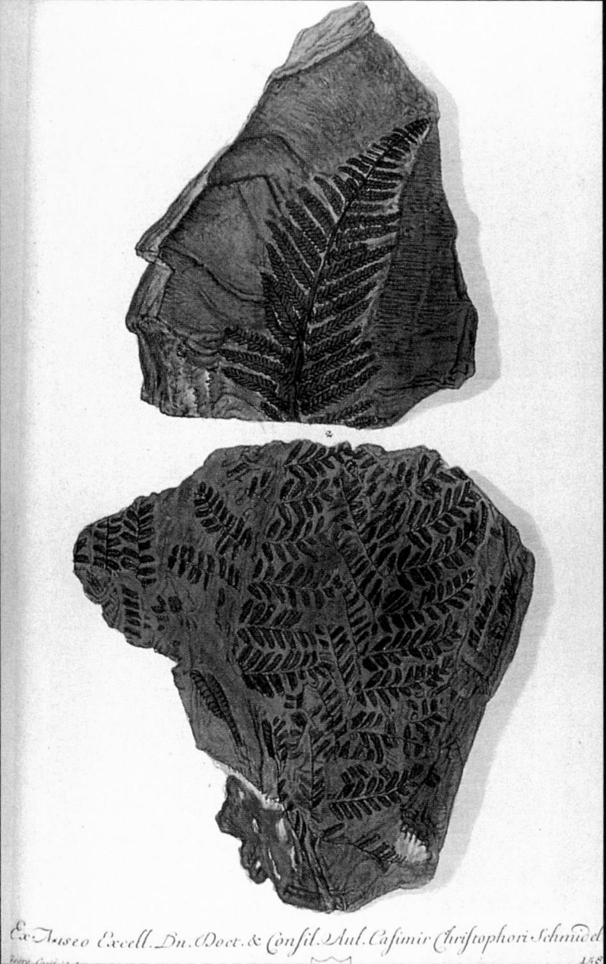
Ex Museo Excell. Dn. Doct. & Consil. Aul. Casimir Christophori Schmidel

地球上的古物

克诺尔和瓦尔希的著作基本上是描述性的，以贝壳化石和各种无脊椎生物的化石为主，另外也有植物化石和形形色色的“石化物”。他们对脊椎动物的骨骼遗骸则较不感兴趣，书中也很少提到。左页图是贝壳和甲壳动物，包括藤壶。本页图中的化石是蕨类植物的印记。

解剖学抬头，巨人逐渐退出科学的舞台

法国的佩罗（Claude Perrault）及英国的泰森（Edward Tyson）等学者，开始解剖活的动物，这使得脊椎动物骨骼学的研究大有进展。将这些动物的骨骼和在采石场找到的同类骨头化石相互比对，便能够证明，这些化石并非来自巨人，而是来自动物。1688 年，罗马的解剖学家坎帕尼（Campani），把在意大利找到的巨大骨头化石和佛罗伦萨美第奇家族所收藏的一副大象骨架拿来比对，发现两者极为相似。他因而推论，在意大利找到的巨大骨骼属于一种象类所有。西西里岛埃特纳山的独眼巨人身份几千年来始终是个谜，至此终于真相大白。

由化石拼凑出动物原貌时，曾发生过不少趣事。冯·盖里克（Otto von Guericke）曾把一块块长毛象的骨头，连同 1663 年在德国发现的犀牛骨头拼接起来，创造出一头没有后足的古怪动物，额头中间还长着一只长 5 英尺（约 1.5 米）的“角”。这幅画后来由莱布尼茨发表在 1749 年的著作《原始大地女神》中。

它们自何处来？往何处去？

化石曾经是活生生的动物，这种说法逐渐被学者们接受。但是别的问题继之而起：大象既然生活在热带，为什么会死在温带地区？为什么有些化石（如菊石、箭石）在今日没有类似的生物存在呢？

随着愈来愈多巨兽骸骨的出土，人们开始好奇，它们究竟有过什么遭遇呢？它们是已经灭绝的物种吗？真是难以想象！假设真的如此，这岂不意味着天地万物的创造并不是完美无缺的，所以上帝才会让一部分它所创造出来的生物消失了？这个结论，显然和当时盛行的基督教学说全然背道而驰。

前所未有的滔天浪涛，也就是《圣经》所说的大洪水，把生物卷离原来的住所，冲到别处

这是 18 世纪的人一致接受的答案。不过这不是新的观念。早在 13 世纪末，意大利教士阿雷佐（Ristoro d'Arezzo）

就确信，在高山上找到的贝壳是由大洪水冲到那里的。达·芬奇和贝利西都抨击过这种解释，但是在启蒙时代，这种说法广受欢迎，拥有许多信徒，甚至还产生所谓的“洪水学派”。以莱布尼茨为首的一些哲学家也都支持这种假说。因为这种假说较能使人接受化石是有机成因的说法。他们宣称，总有一天，找不到化石的物种的后代，会在人未曾探索过的地区被发现。至于海洋有机物的化石，比如菊石，则可以在海底找到仍存活着的同类。关于地球历史和大洪水的种种臆测与推论，也就由此引发了。

洪水泛滥在地上40天，……水势在地上极其浩大，天下的高山都淹没了。水势比山高过15肘，山岭都被淹没了。凡在地上有血肉的动物，就是飞鸟、牲畜、走兽和爬在地上的昆虫，以及所有的人都死了。

——《圣经·创世记》第七章

以化石来证明《圣经》内容真实无误

热烈支持大洪水理论的人之中，有一位瑞士博物学家舍希策尔（Johann Jacob Scheuchzer），是研究古生物学的先驱。他用幽默的方式来捍卫自己的立场。他在一本附插图的小册子《鱼儿的诉苦和呼吁》（*Pisci querelae et vindiciae*）中，为鱼的化石抱冤叫屈。根据《圣经》的记载，由于人类胡作非为，引起耶和华的震怒，降雨40昼夜，将整个大地淹没。因此舍希策尔认为变成化石的鱼，正是大洪水的无辜受害者。而大洪水的罪魁祸首——人类，现在居然想否认化石鱼原来是活生生的，而认为这些化石并非有机形成的（当时关于化石性质的争论还没有结束）。

至于引发大洪水的那批罪人，下场又如何呢？在瑞士阿尔特多夫（Altdorf）出土了两块脊椎骨，舍希策尔认为这无疑是人的

舍希策尔写过许多关于化石的著作，既谈植物化石，也讲动物化石。他坚决支持化石的有机起源说，也大大促进了化石知识的传播。他和当时一些学者频繁通信，其中包括莱布尼茨和英国医生伍德沃德（John Woodward），这两人也相信洪水的说法。1731年，舍希策尔发表了《神的物理学》，对《圣经》做了近乎科学的注释，并配上化石的插图。他认为化石是洪水的无辜受害者。

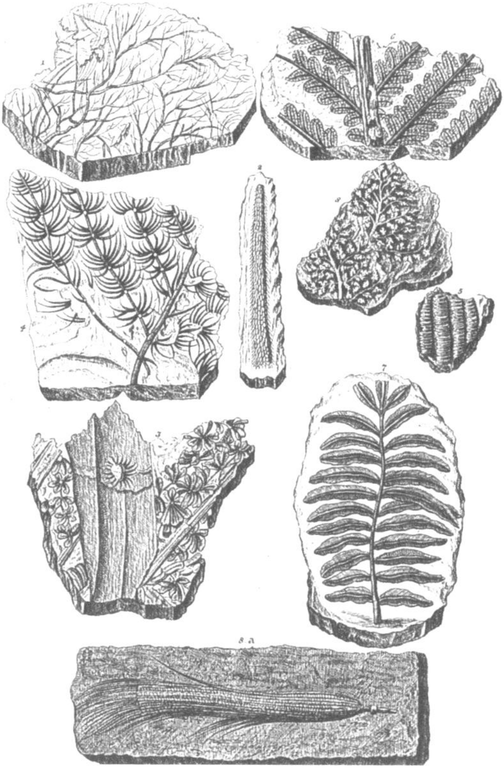

舍希策尔发表于1709年的《洪水时代的植物》，专门研究植物化石，是这类著作的先驱。事实上，在关于洪水的争论中，植物化石确实有重要的位置。他仔细而准确地绘制了石炭纪的植物，尤其是蕨类。他同时还绘制昆虫、石珊瑚、菊石（带锯齿形的壳面细部）、普通的树枝石化石，以及纯粹出自想象的“自然界的畸形物”。

脊椎。但后来证明，这两块脊椎骨的年代并不像这位博物学家所推断的那么古老，这些骨头是在城里绞刑架附近找到的！

大洪水时代的人类骸骨出土太少，是舍希策尔的一大烦恼。终于运气来了！1725年，他得意地宣布，他发现了一位“大洪水见证人”的骨骼，这个受上帝惩罚的罪人，在淹死之前“目睹了大洪水和上帝”。舍希策尔从中找到了洪水曾发生过的证明，并认为这项发现可用来训诫不信神的罪人。直到1787年，那块骨头被鉴定为蜥蜴的化石，法国动物学家居维叶（Georges

Kolm
Auf der Werch

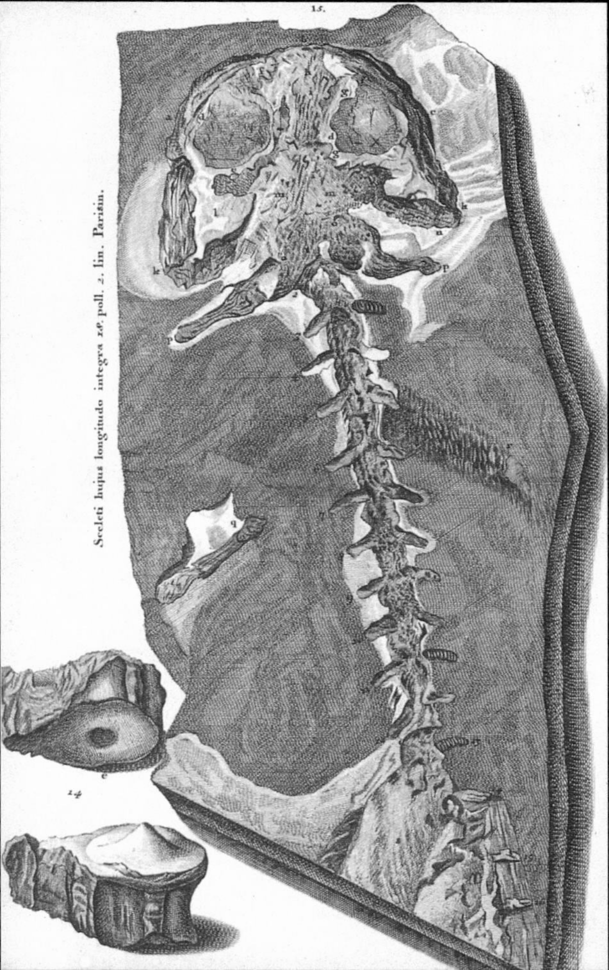
15.
Sceleti hujus longitudo integra 2P. poll. 2. lin. Parisin.
14

洪水时代的人

1725 年，在欧洲阿尔卑斯山的康斯坦茨湖附近的厄宁根采石场，发现了一副长达 120 厘米的古怪骨骼，出土于中新世（700 万年至 2600 万年前）的泥灰岩层中。舍希策尔应邀去鉴定这块化石。他一口咬定这是“大洪水见证人”的遗骸，说此人曾目睹《圣经》提到的大洪水。1731 年，他发表了一篇详尽且附插图的说明，结论是：“尽管过去许多世代都相信大洪水曾发生过，但从没有像今天这样明显不过的证据。”这块化石后来被鉴定为一只大蝾螈，现在收藏在荷兰哈林（Haarlem）的泰莱尔（Teyler）博物馆中，名为“安德烈亚斯·舍希策尔”（*Andrias Scheuchzer*）。

世界的创造

起初，神创造天地。地是空虚混沌，渊面黑暗，神的灵运行在水面上。神说，要有光，就有了光。神看光是好的，就把光暗分开了。神称光为昼,称暗为夜。……神说，天下的水要聚在一处，使旱地露出来。……神说，地要发生青草，……事就这样成了。……神说，水要多多滋生有生命的物，要有雀鸟飞在地面以上，天空之中。……神说，地要生出活物来，各从其类，牲畜、昆虫、野兽，事就这样成了。……神说，我们要照着我们的形象，按着我们的样式造人，……事就这样成了。

——《圣经·创世记》第一章

1766 年，一块颚部长着利齿的巨大头骨，在荷兰马斯特里赫特（Maastricht）附近的圣皮埃尔（Saint-Pierre）山出土，立刻引发了激烈的争夺战。化石收藏家霍夫曼（Hoffmann）博士虽然主持挖掘的工作，教会当局却下令，要他把这块头骨交给土地的所有者——教士戈丹（Canon Godin）。

Cuvier）在 1825 年进一步确认，这是一条“种类不详的巨型水栖蝾螈”。

它们究竟有多老？

为了找出化石存在的年代，连带引发了推算地球年龄的兴趣。根据《圣经》，上帝创造天、地、海洋、植物、动物和人类，共花了 6 天。第 6 天时，上帝创造了人。中世纪的人对这种说法深信不疑。1650 年，爱尔兰大主教赫谢（James Hussher）深入分析《圣经》之后，下结论说：天地万物的创造，发生于公元前 4004 年 10 月 26 日。当时的宗教界认为，这个日期相当可信。

舍希策尔则提出另外一种估计：大洪水这场灾难，以及随之而来的生物灭亡（化石由此形成），发生在埃及金字塔建成之前的 250 年。

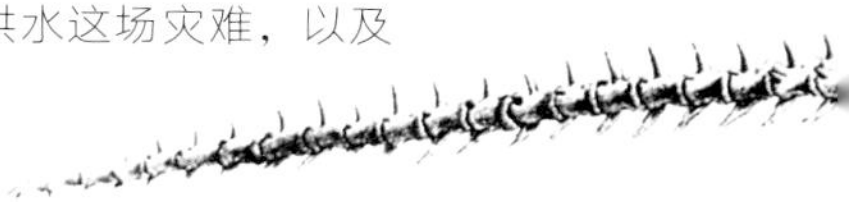

博物学家布尔盖（Louis Bourguet）上溯到更古老的年代。1729 年，他在观察过地层的沉积之后，认为“在《创世记》和大洪水之间经历了 16 个世纪”。不要觉得这项估计荒唐可笑，在那个科学刚萌芽的时代，16 个世纪可说是一段长得难以想象的时间。由于几乎没有人否定《圣经》的正确性，所以对地球历史的推论受到了局限，也就不易产生大胆创新的假设。

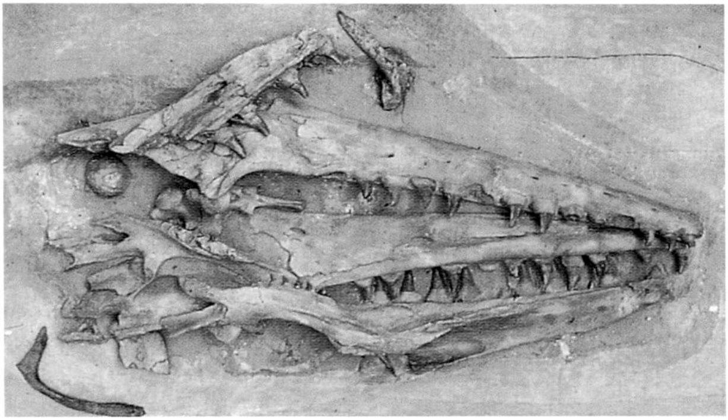

怀疑逐渐滋生

18 世纪末，海底世界还保持着原有的神秘，但不为人知的陆地——那些我们认为已绝迹动物的最后栖息地——却愈来愈少。于是有些博物学家认为，我们已经辨识出了大部分的大型脊椎动物。大洪水或许可以解释个别生物的死亡，以及它们为何在地球上的某一地区销声匿迹（例如在欧洲消失的大象），却不能解释为何一个物种会灭绝。至于在化石出土地区，目前为何不见与化石同类的生物存活，形形色色的解

1795 年，法国大革命的军队驻守在马斯特里赫特时，博物学家福雅（Faujas de Saint-Fond）想要得到这个头骨做研究，可是戈丹把它藏了起来。于是福雅悬赏 600 瓶好酒，要给献上头骨的人。后来头骨找到了，运到巴黎。学者们为这块骨头的身份大费思量。是头鲸鱼吗？不，霍夫曼和福雅断定是一条鳄鱼。福雅解释说："洪水和灾变把这些两栖类动物掩埋起来，和贝壳等生物混杂在一起。这些两栖类动物很久之前就存在了，在河流和湖泊中繁衍。"最后，这只动物经居维叶鉴定为一只巨蜥蜴，并命名为"*mosasaurus*"，意思是"马斯河（Meuse）的爬形动物"。

释纷纷出笼：大水淹漫（19 世纪称为“灾变”）、地球气候改变了（可以解释为何欧洲会出现热带地区动物的化石）、人类的赶尽杀绝、由人类引进某一地区的物种因适应不良而消失、异教徒祭牲的遗骸等等。法国大哲学家伏尔泰则大胆断定，在高山出土的贝壳，乃是朝圣的人在前往西班牙西北部的圣地亚哥（Saint-Jacques-de-Compostelle）朝圣途中，遗留在高山之巅的。

地球的历史远比前人所想的更为漫长

法国博物学家布丰（Georges-Louis Leclerc，comte de Buffon）率先断言，早在人类出现之前，地球已经历了漫长的时期。他认为地球已存在了 7.5 万年，而亚当和夏娃可能直到 8000 年前至 6000 年前才出现。

当然，这项推断离事实还是有相当大的距离，但是，在他之前，还没有人敢提出这样惊人的数字。布丰把人类出现之前的地球史分为 6 个时代，而且解释说，随着环境条件逐渐改变，不同形式的生物便出现了。到第 7 个时代来临以后，“人类的力量加入了自然的力量中”。

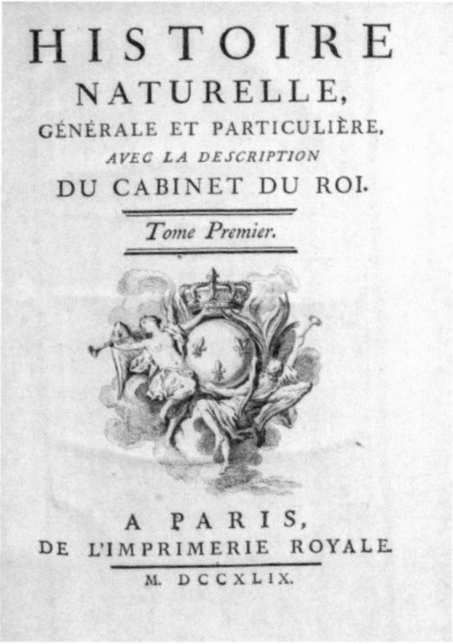
HISTOIRE
NATURELLE,
GÉNÉRALE ET PARTICULIÈRE,
AVEC LA DESCRIPTION
DU CABINET DU ROI.
Tome Premier.
A PARIS,
DE L'IMPRIMERIE ROYALE.
M. DCCXLIX.

布丰不否认大洪水曾经发生，但他认为这对地球史的影响很小。地球表面所出现的变化，并不是灾难所造成的，而是出自海洋的活动和流水的侵蚀。

布丰认为，化石见证了地球的洪荒时期，它们确实是从前活过的生物，就生活在出土处的附近。

布丰是一位体格强健、工作认真的人。他研读过法律，对医学、地质学和数学也有兴趣，尤其喜欢钻研植物学。他曾经遍游法国、意大利、英国。布丰是冶金工厂厂主，在做生意上精明能干。1739 年，经由他的朋友朝廷大臣莫尔帕（Maurepas）从中穿线，布丰当上御花园总管（相当于现在巴黎国立自然史博物馆馆长）。他全心全意投注在工作上，扩展了御花园，丰富了收藏，使御花园变成一流的自然博物馆。1749 年至 1789 年，他出版了《自然史》36 卷。头 3 卷在 1749 年印行了 1000 册，6 个星期内抢购一空。《自然史》和卢梭的《新爱洛绮丝》，并列为 18 世纪最畅销的作品。布丰的另一部著作《大自然的各个时期》于 1771 年出版，提出了关于地球史的崭新观点。他的文笔优美，是把科学性的文字通俗化的典范。

而这也可以证明，目前寒冷的地区，有一度曾经相当温暖。他指出，动物的体质不可能发生巨变，“使一头大象有驯鹿的特性”。在许多北方国家都发现过巨大的猛兽化石，这足以证明，欧洲、亚洲和北美洲等陆块在远古时代曾经是合在一起的一整块陆地。

布丰进一步指出，某些动物群已全数成为化石，不再有同类存活着。他还推测，灭绝的物种是最不能适应环境的物种。布丰所提出的这些大胆的推论，引起巴黎大学的神学家们愤

18 世纪时，还没有一个能将植物和动物分门别类的系统，然而，关于博物史的收藏品却越来越丰富。来自世界各地形形色色的标本杂乱无章地并列在一起，把化石和当今的生物做比较时也没有明确的标准。林奈在他的《自然系统》一书中建立了双名法，这种方法订立出一种合乎科学原理的分类标准，直至今日仍被采用。18 世纪的巨著《百科全书》就是实践了这种理念：随着知识领域的扩展，人类也努力把所有的知识整理出系统。

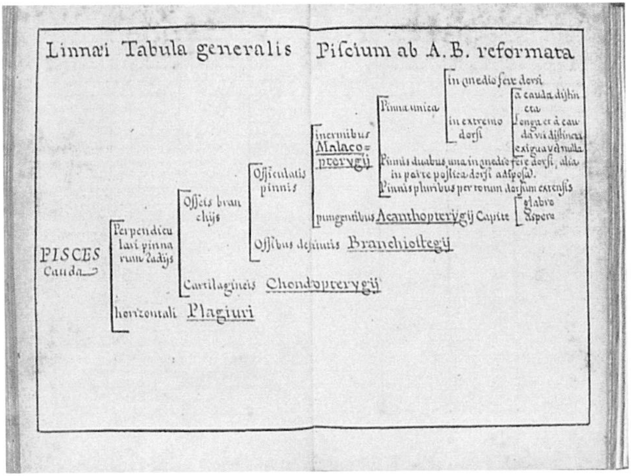

林奈为各种动植物命名时，分别赋予两个拉丁名字，以说明其特性：先是一个属名，然后是一个种名。例如巨嘴鸟属（*Ramphastos*）可分 11 种，其中一种是居维叶大嘴鸟（*Ramphastos cuvieri*）。对于已绝种的生物，同样可用属与种的概念来分类。这种分类的方法，称为“系统分类学”。

怒的驳斥。对此布丰一再表示自己是无辜的，他只是想把自然科学和神学加以调和。不过由于布丰得到法国国王的支持，他未遭教会惩罚。

瑞典博物学家林奈创立了双名法，提出了属与种的概念

林奈提出一个法则：每种现存的生物或者曾经存在过的生物都有它的属（genre）和种（espèce），因此可以有一个属名和一个种名，相当于一个人在户籍上的姓和名。这个法则一直沿用到现在。林奈所建立的分类标准适用于所有的动植物，从此，在有机生物的总分类之中，化石也可以占一席之地了。

巴黎，1796年1月。一位年轻人正准备做一次演讲，他的听众是法国国立艺术与科学协会的会员。这位年轻人名叫居维叶，到巴黎只有半年，但是听众对他的名字已经不陌生。年仅26岁的居维叶，在博物学领域的研究经验已很可观。

第三章
学者的时代

我现在所做的工作，是替后代某位杰出的解剖学家收集资料。我盼望当那个人出现时，会有人为我记上一笔开路先锋的功劳。

——居维叶

居维叶在法国东部的蒙贝利亚尔（Montbéliard）长大，自小就爱好博物学。青少年时期，他在笔记本上速写布丰描绘过的动物。15 岁中学毕业时，符腾堡公爵给他一笔奖学金，让他到斯图加特（Stuttgart）科学院进修。他所主修的“哲学”，事实上是以科学研究为主。19 岁毕业时，他理应进入德国政府部门工作，但他的父亲为他在诺曼底一个富有的新教家里，找到家庭教师的职位。这是他人生中关键性的一步。他在空闲时，就捕捉鱼和软体动物，加以解剖、记录和比较，并且将观察的心得记在笔记《动物日志》中。

居维叶在《动物日志》中，描绘他所观察到的动物。

这时期，巴黎的情势动荡不安，巴士底狱轰然倒下，法国人民发动大革命，贵族流亡国外，国王上了断头台，共和国宣布成立……居维叶不但远离一切动乱，还因大革命获得了机会。

当时有一位闻名遐迩的农学家泰西埃（Tessier）神父，在巴黎时常拜访自然史博物馆（1793 年由原来的御花园改建而成）。他为了逃避动乱，就回到诺曼底的老家。在那里他看到居维叶《动物日志》的一些内容，极为赞赏，马上送去给他在自然史博物馆任职的朋友们。不久之后，有一种新种的鱼以居维叶的名字命名，以表彰发现它的人。

自然史博物馆的动物学教授，也是该馆附属动物馆的创建者——热孚鲁瓦·圣伊莱尔（Étienne Geoffroy Saint-Hilaire），在 1795 年写信给居维叶说：“请到巴黎来和我们一起工作，担任林奈第二的角色吧。”居维叶在那年夏天来到巴黎，不久就在博物馆教授动物解剖学。1802 年，他开始担任比较解剖学的教授，直到 1832 年他去世为止。现在言归正传，我们再来谈谈 1796 年 1 月的那场演讲吧！

居维叶提出了比较解剖学的基本原则：器官的从属律和相关律

居维叶在那一天所讲的内容，是从他以往在诺曼底所做的研究中整理而来的。居维叶认为，仅仅对个别的标本做孤立的研究是不够的，于是他着手比较生物之间的差异，获得相当有意义的推论：有些重要器官的构造，无可避免地影响了其他器官，这就是器官的从属律；有些解剖特

整个国家急剧变化，御花园在千钧一发的状况下得以保全。当时几位知识分子说服了法国人民，告诉他们御花园是个很大的药草库，病人可以在那儿找回健康，……御花园里的化学实验室可以制造火药。御花园就这样逃过浩劫。当时政府颁布了一项法令，将御花园改称“自然史博物馆”。

——布瓦塔
（M. Boitard）
《植物园》

1802 年，自然史博物馆的动物解剖讲座教授出缺，年轻的居维叶立刻受邀担任该职。在此之前，他已先后在先贤祠中心学校和法兰西学院教授自然史。这位新上任的教授，把他的讲座命名为“比较解剖学”。

性互有关联，而另一些特性则会互相排斥，这就是器官的相关律。

1812 年，他将上述论点发表于《关于地球表面的变动》。他说：“所有器官组成一个整体，一个独一无二而自足的系统。器官内的各个组成部分相互作用，并通过彼此的反应完成一个共同的终极运动。任何一部分的变化，必然导致其他部分的变化，因此，将任何一部分单独抽离来看，都可找到足以影响其他部分的关键因素。”

对化石的研究，引导居维叶走上古生物学之路，致力于探索古代的动物

1796 年 1 月 1 日，居维叶在法兰西研究院的会议上，宣读了一篇《论活象和象的化石》。他详细解剖分析了世界各地发现的象类骨头，并鉴定原始象（*Elephas primigenius*），或称“俄国长毛象”的真伪。

他提出如下结论：象骨出土的地方就是象原来的栖息地，它们不是由人类引进到那些地方的（有人引用资料，说古代迦太基名将汉尼拔率象群横越了阿尔卑斯山）。象的灭绝，并非由于气候的逐渐变化，而是突然发生的。至于确切原因何在，居维叶并没有详细说明。他仅指出，一场大水灾掩埋了象的尸体，接下来他就没有再深谈下去。

上图是《动物日志》的插图。这只蝾螈是居维叶在参观大英博物馆时画下来的。

这项研究的结果，连同他以后的研究，在 1812 年结集为《四足动物骨化石研究》出版。日后他还逐年修正旧版本，补充内容。为了使研究更加深入，居维叶千

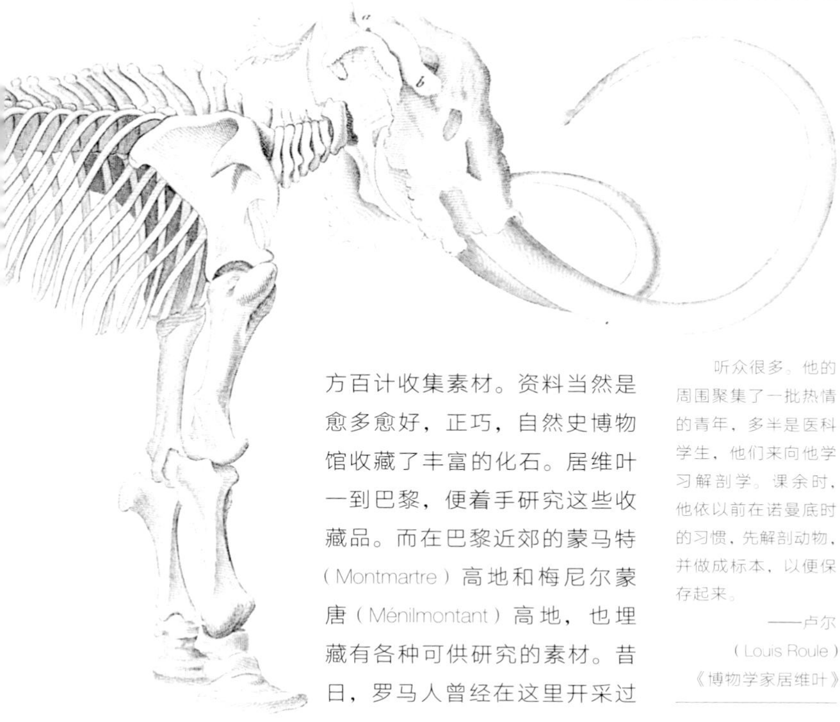

方百计收集素材。资料当然是愈多愈好，正巧，自然史博物馆收藏了丰富的化石。居维叶一到巴黎，便着手研究这些收藏品。而在巴黎近郊的蒙马特（Montmartre）高地和梅尼尔蒙唐（Ménilmontant）高地，也埋藏有各种可供研究的素材。昔日，罗马人曾经在这里开采过

听众很多。他的周围聚集了一批热情的青年，多半是医科学生，他们来向他学习解剖学。课余时，他依以前在诺曼底时的习惯，先解剖动物，并做成标本，以便保存起来。

——卢尔（Louis Roule）《博物学家居维叶》

石膏。石膏可以当建筑材料，也能保存有机物的遗骸。居维叶和一个叫瓦兰的采石工人讲好，愿意出钱购买他发现的化石，请他每隔一段时间，就把挖到的化石送来让他研究。

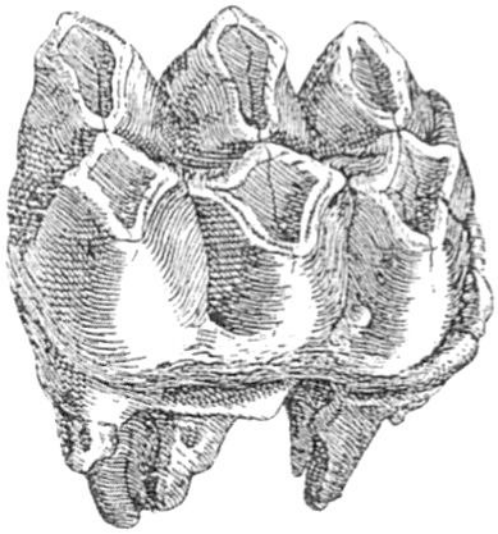

除此之外，为了找到更多的脊椎动物化石，居维叶在欧洲各地收集资料和标本。他拜访各处的陈列室，参观几个世纪以来业余科学家和学者的珍藏。由于每天都会有化石出土的消息，因此他也努力收集这方面的资料和文献。同时他向世界各地的博物学家广发信函，请他们提供资料。

在城市四郊的采石场内，埋藏了这么丰富的古代动物遗骨，真是令人非常惊讶。仿佛大自然有意将它们汇聚于此，用以教化我们当代人。

——居维叶

采用比较解剖学的方法，以一颗牙齿为线索，就能够拼凑出已灭绝物种的全貌

根据居维叶比较解剖学的原则，可以得到以下结论：如果我们能掌握动物身体的一个重要部分，特别是牙齿，就可以重新构建出它身体的其余部分。居维叶认为："如果某种动

物消化器官的构造利于消化新鲜肉类，那么它的上下颚就必定能够吞噬猎物，它的爪子就可以抓住猎物，把猎物撕碎，它的牙齿可以咬碎肉块，它的运动器官的构造利于追逐和抓到猎物，它的感觉器官可以察觉到远方的猎物，至于它的头脑则具备不可或缺的本能，使它知道如何埋伏，等待猎物掉入陷阱。”

他曾有过一个绝佳的机会来验证上述观点。有一天，他在蒙马特的石膏矿区找到了一块小型的下颚骨，经他辨认，颚骨上面的牙齿属于负鼠所有。今日只有在美洲和大洋洲还找得到这种有袋小动物。居维叶打算利用这颗小小的牙齿，演出一幕精彩的戏。他邀请同事们来参观挖掘其他部分骸骨的过程，而他在事前就已经

蒙马特高地那时还不在巴黎市区之内。地层由厚厚的石膏层和泥灰岩交替叠成，山丘上满是采石场和石灰炉。早在1783年，就有化石出土。居维叶在那里进行有系统的挖掘，发现了已经绝迹的草食性动物和肉食性动物的遗骨，包括鬣狗和有名的“蒙马特负鼠”。

胸有成竹，应该能找到负鼠所特有的袋状骨骼。果然，他的预测在大家眼前应验了。

居维叶曾以生动的言辞，描述他对重建生物原貌这项任务的感受："我会碰到这样的情况，别人拿给我好几百块残缺不全的骸骨碎块，分属 20 多种不同的动物，我必须把它们都安放到正确的位置。这几乎是让死去的动物复活。虽然我不能像天使那样吹响复活的号角，但是我有一套适用于生物的不变法则。在比较解剖学的法则之下，每块骨头、每个碎片自然会各就各位。我无法形容这项工作带来的乐趣。"

居维叶运用比较解剖学的方法，鉴别出几十年前的人根本无法想象的生物，例如第三纪和第四纪的长毛象。此外，他相信有些物种已经永远消失了。

我们的采石场里，有一只动物（负鼠）的遗骸。这种动物今日只在美洲还见得到。……印在化石上的轮廓非常浅，必须仔细观察才能分辨出来，然而，这些轮廓是多么珍贵啊！这个印痕来自目前已无迹可寻的物种，……这只动物是以近乎自然的姿态被固定住的。

——居维叶

用几块白骨重建了整个世界……

居维叶的发现，使同时代的人深感兴趣，连文学家也不例外。19 世纪法国大文豪巴尔扎克在《驴皮记》中曾以抒情的笔法表达对居维叶的敬意："您在阅读居维叶的地质学著作时，是否恍如遨游于无垠的时空之中？我们不朽的博物学家用几块白骨重建了整个世界。神话里的英雄卡德摩斯（Cadmus）曾用几颗牙齿重建了城邦，居维叶则由几块煤炭再现了浩瀚森林中各种动物的传奇，从一头长毛象的足迹重新发现了整个巨大动物的族群。他使死者复生。……突然间，大理石变成动物，骸骨有了生命，世界的历史展现在眼前。"

科学界普遍接受居维叶的比较解剖学原则，但对于他对地球历史的解释则意见不一。

"毫无疑问，有两类会飞的蜥蜴，它们利用附于前肢手指上的薄膜飞翔，……靠其他三根手指悬挂……仅以后肢站立。它们的头很大，突出的大嘴里长着细小的利齿，只适合捕捉昆虫和小动物。"

这是居维叶对翼手龙的描述。他根据在德国巴伐利亚发现的一副骨架，做了如上的鉴定。

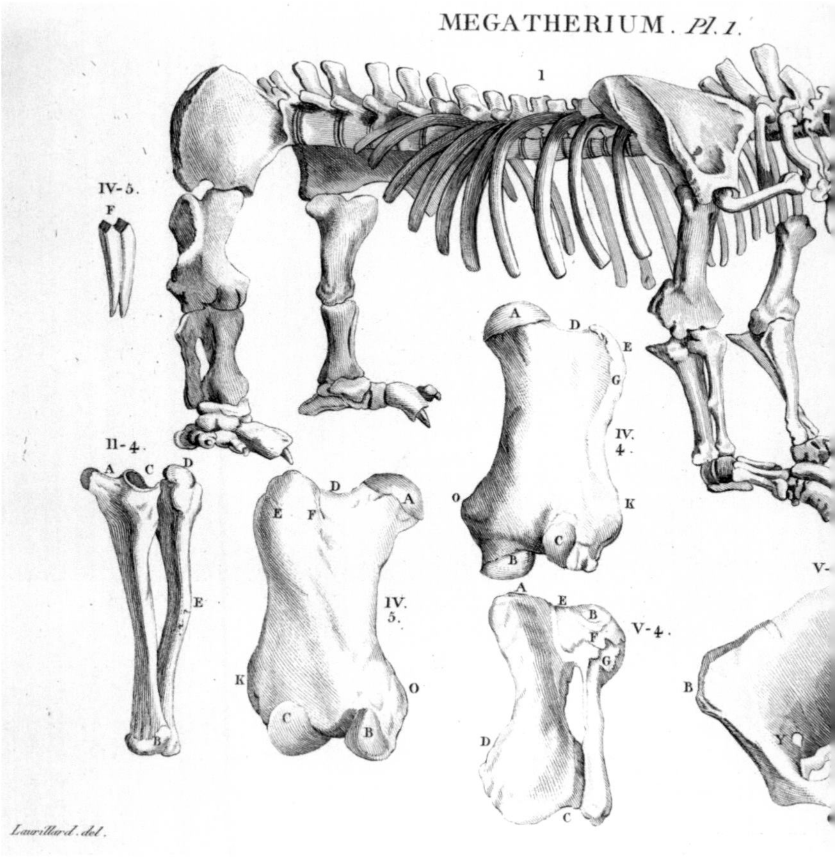

居维叶的地球历史观："大变动"和"物种固定"

居维叶既已深入研究化石，也就关心起地质学了，因为那些由他所复原的各类生物，总得有个年代顺序。他与一位年轻的地质学家布隆尼亚（Alexandre Brongniart）合作，研究巴黎盆地的化石地层。在 4 年里，他们努力测量，鉴定相关资料，并仔细比对，

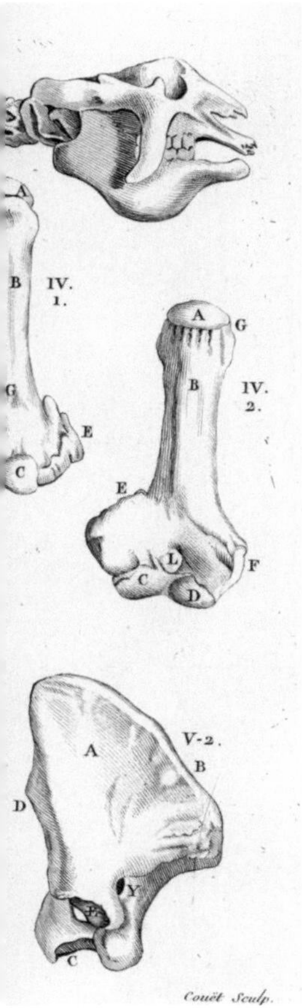

终于写成《论巴黎郊区的矿物》。该书附有一张彩色地图，显示出7种地层，以及其岩石特性与所含化石。通过对化石的研究，他们得以列出一张年代表，说明地球历史的不同阶段。居维叶认为，不同的动物群（即某一时代某一地区所有的动物）是次第出现的。前面的出现又消失，而后面的代之而起。但是，动物群如何由一个阶段过渡到另一个阶段呢？居维叶提出了他的解释："有人质疑，为什么我们找到那么多无法辨识的动物遗骸，都不属于目前存在的任何物种呢？我们越思索这个问题，就越肯定：这些遗骸属于那些因地球大变动而灭绝的生物，它们已经为今日存在的生物所取代。"他所用"révolution"这个词，指革命或大变动，具有明显的时代色彩：不久之前的法国大革命推翻了旧有帝制，而自然界不断的大变动则使某些物种消失无踪。根据"灾变说"（catastrophisme）的理论，大变动之所以发生，是由于突如其来的毁灭性力量，或剧烈的变动。

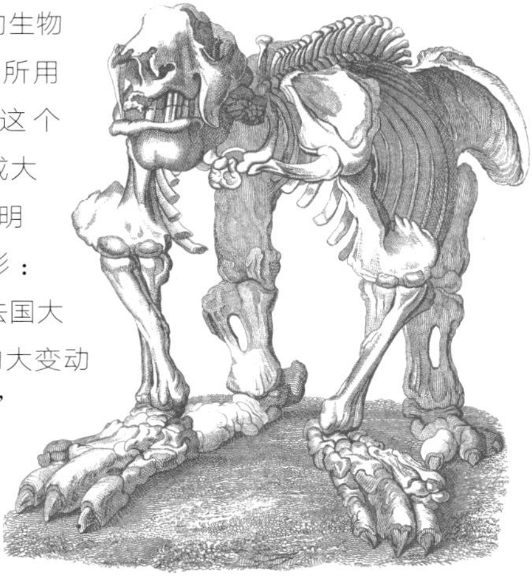

1788年，有人在阿根廷的布宜诺斯艾利斯发现一副有大象那样大的巨型骨架，命名为"巴拉圭兽"，并呈献给西班牙国王查理三世。这副骨架依其生前应有的姿态而展示出来。许多描绘这个标本的图画在欧洲流传，有些到了居维叶手中。居维叶将这头巨兽命名为"美洲大懒兽"（Megatherium americanum）——由于它和三趾树懒十分相似，他便把大懒兽也归入这个类别。

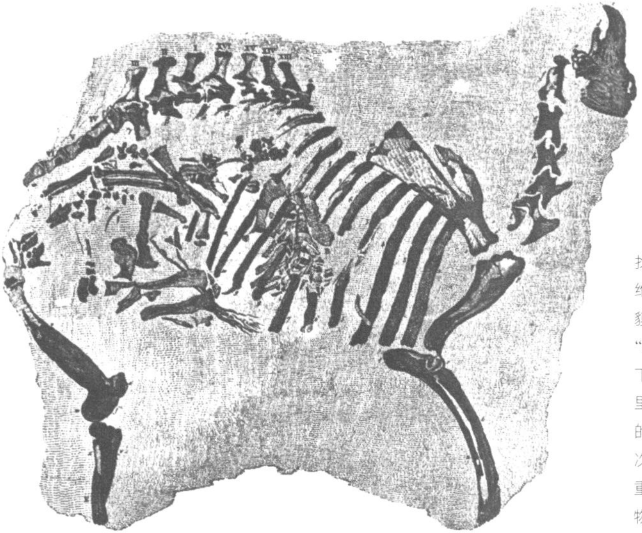

根据在蒙马特找到的几块骨头，居维叶构想出一种近似貘的动物，并命名为“*Paleotherium*”（古兽）。下图是他的合作者洛里雅（Laurillard）所画的复原图。这是第一次有人根据科学证据重现一种已经灭绝动物的形貌。

至于究竟是什么原因造成了大变动，居维叶没有进一步阐明。但是他显然认为，生物是不会进化的。当时拿破仑远征军从埃及带回来的动物木乃伊——特别是埃及人尊为灵鸟的白鹭，提供了充分的证据：这些5000年前的白鹭，几乎跟现存的白鹭一模一样，不曾发生任何改变，由此可证明，物种是固定不变的。在居维叶的时代，5000年可说是一段很长的时间。因此他指出，如果物种确实会改变，那么在这样长的时间内，我们应该会看到一些例子。何况如果存在的物种曾经改变过，就应该会发现介于

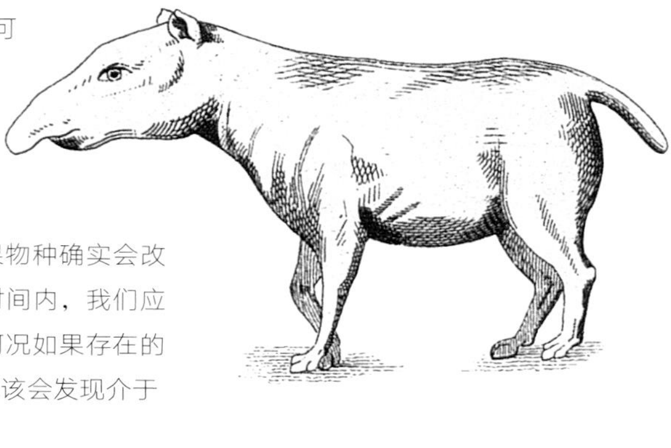

中间的形态，可是情况并非如此。当然在这方面，居维叶是错的。在他之后的博物学家将会指出这一点。

拉马克的进化论，或称“转变论”（transformisme），受到学界权威居维叶的猛烈抨击。

拉马克提出“物种转变论”，向居维叶挑战

拉马克（Jean-Baptiste de Monet，chevalier de Lamarck）身兼医生与植物学家，1793 年担任自然史博物馆的动物学教授。他致力于研究无脊椎动物，建立了无脊椎动物的系统分类，有些分类法目前仍被采用。他专门研究在巴黎郊区发现的第三纪（258 万至 6600 万年前）贝壳，证实其中有些类别至今还存在，这说明了生物乃是连续不断的，但有些则已略有不同，这足可说明物种的转变。

1890 年，进化论的观点首先出现于拉马克的《动物哲学》。拉马克指出，所有生物都有逐渐变复杂的趋势。生命从起源直到今日，从来不曾中断，新的物种在漫长的进化过程中产生，没有任何物种是完全灭绝了的。拉马克解释，为了努力适应环境的变化，动物自身会发生改变，这种后天的改变能通过遗传而传给后代（即用进废退说）。这种学说可以解释何以目前物种有那么多。这些进化十分缓慢，因此，以人类短暂的生命，是无法目睹的。

拉马克晚年双目失明，生活孤独，在 1829 年去世。不到 20 年之后，他的著作对达尔文的理论产生启发。

后世接受了物种进化这个重要的观念，但拉马克对于进化过程的解释引起了很多争议。

1

3

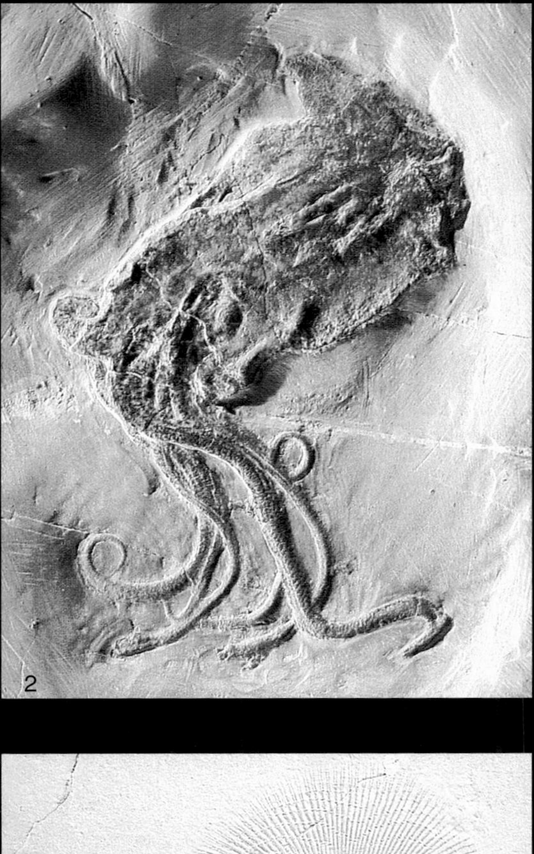

2

4

海洋化石

1. 艾杜拉鱼（Aeduella），在法国的二叠纪地层被发现的鱼，有射线状的鳍，距今约 2.2 亿年。当今的大部分鱼类均属射线鳍鱼类，可上溯至古生代。这个标本完整保存了闪亮的厚鳞。

2. 原始章鱼(Proteroctopus)，已知最古老的章鱼化石，在法国的侏罗纪前沉积物中被发现，距今约 1.5 亿年。它的内脏、鳍和吸盘的印痕都保存了下来，是化石作用罕见的例子。

3. 由海洋生物和贝壳的残片形成的含化石沉积岩，来自法国一处原先深入内陆的古老海湾，属于距今 2000 万年的中新世。在放大的照片中，可以看到扇形的苔藓虫的小群体。

4. 原鳐类（Cyclobathis），在黎巴嫩的萨赫尔阿尔（Sahel-Alma）海边被发现，属于距今 7000 万年的白垩纪。图中环状的印痕是它的鳍。

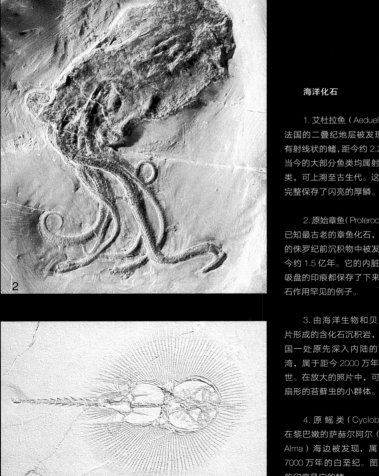

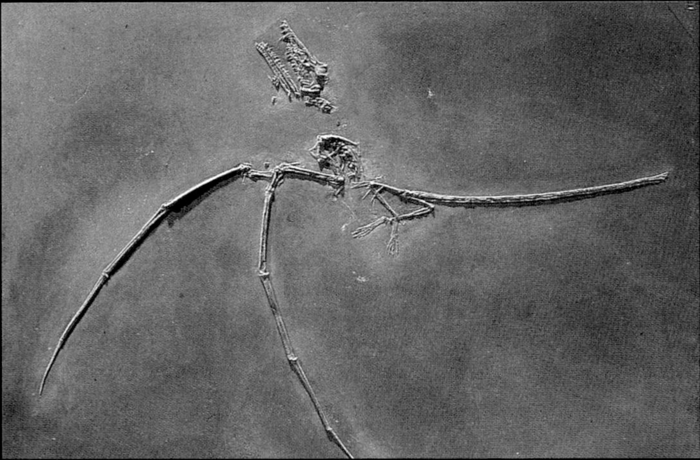

1

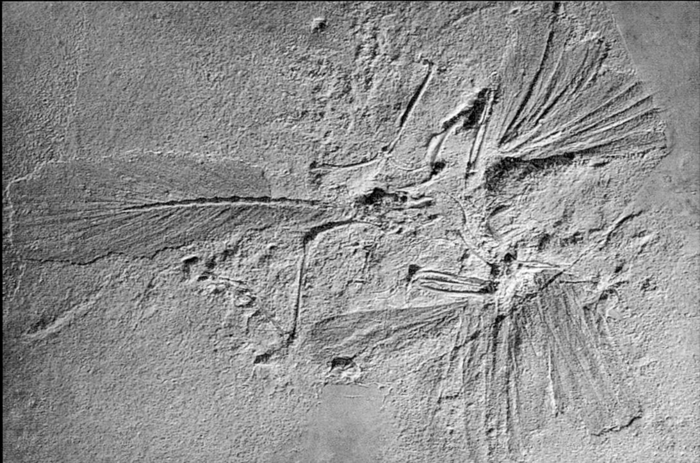

3

2

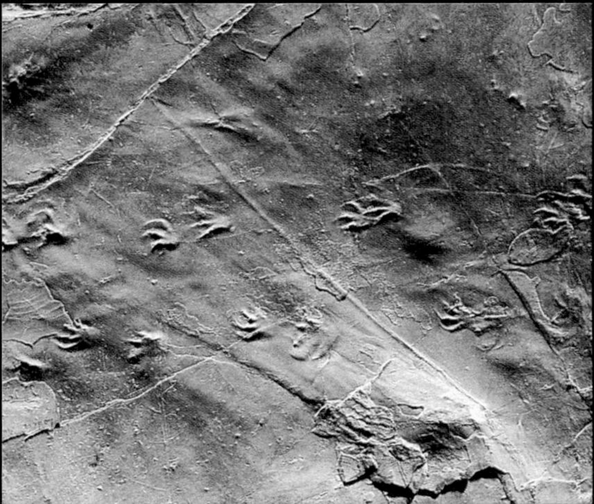

4

飞行生物的化石

1. 曲 颌 形 龙（Campylognathus），在德国巴伐利亚的薄页岩层中被发现，属于距今 1.35 亿年的侏罗纪。它的巨翼用来滑翔。肉食类，靠飞行抓鱼为食。

2. 古 鹌 鹑（Palaeortyx），巴黎蒙马特高地的石膏层中被发现的鸟，属于距今 4500 万年的始新世。当时，巴黎盆地尚布满潟湖，有大量的水陆两栖动物栖息于此区。

3. 始祖鸟（Archaeopteryx），属于距今 1.5 亿年的侏罗纪，被发现于巴伐利亚。始祖鸟是进化的中间环节，还有爬形动物的一些特征（牙齿、爪、长尾），但也有鸟类的翅膀和羽毛。这些都显现于这块化石上。

4. 在沼泽淤泥上留下的爪印，属于距今 2.2 亿年的二叠纪，在法国南部地区被发现。这些爪印是由原始的两栖类、坚头类动物所留下的。

1

3

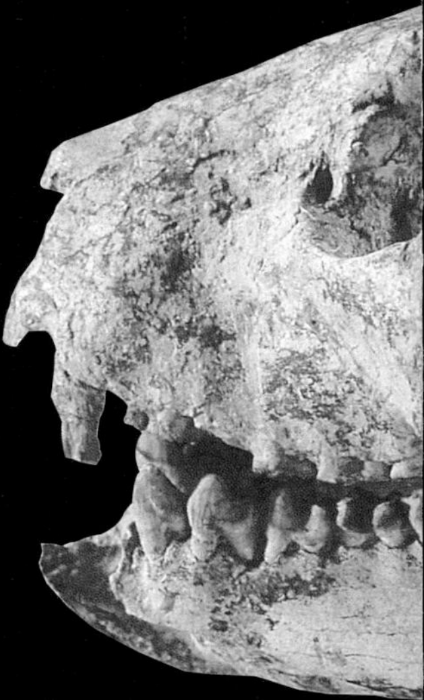

2

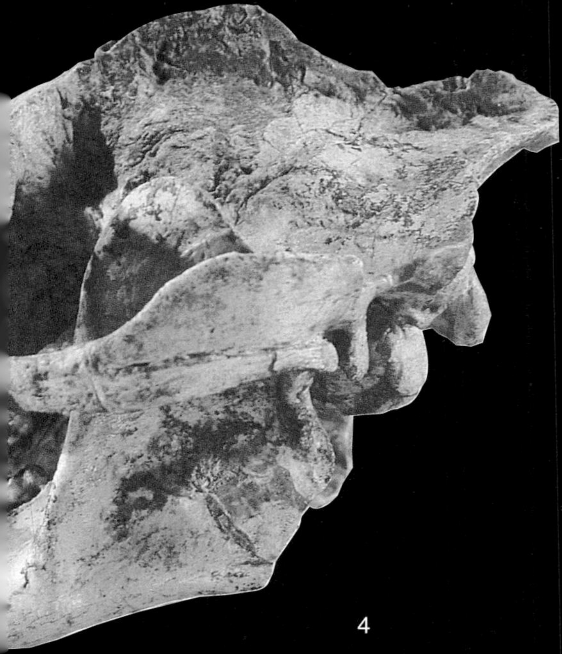

4

陆上生物化石

1. 特暴龙（Tarbosaurus），在蒙古国被发现的白垩纪肉食恐龙类，距今约 8000 万年，属于北美洲的暴龙类。蒙古国中部可以说是脊椎动物化石的“坟场”。

2. 剑齿虎（Smilodon）的头骨，属于距今 258 万年的上新世，在巴西被发现。这种美洲的剑齿虎，以巨大匕首状的上颚尖牙来攻击猎物。

3. 西蒙螈（Seymouria），在美国得克萨斯州被发现的两栖类，属于 2.98 亿年前的石炭纪，生活在蕴藏煤炭的潟湖中。这只爬形动物的化石保持了在淤泥中爬行的姿态。

4. 旧大陆猴（*Adapis magnus*）的头骨，在法国盖尔西（Quercy）的磷盐岩中被发现，属于距今 4500 万年的始新世。这种已灭绝的古猿与人类同为灵长类。

英国地质学家莱伊尔以百万年为单位，来估计地球和化石的年龄

1833 年，莱伊尔（Charles Lyell）采纳拉马克的观点，在《地质学原理》中指出，地层的转变是地球变化的结果，这种变化延续了几百万年。他为地质年代提出新的衡量尺度，与今日所采用的尺度更接近。莱伊尔在书中首次提出“古生物学”一词，这个源自希腊语单词的意思是“有关早期生物的学科”，他以此称呼研究化石与地质时期的学科。

莱伊尔（中立者，右边坐着的是达尔文）认为，地球的历史呈现循环性的变化。他在《地质学原理》中说，为什么不能想象灭绝的物种会重新出现呢？也许有一天，人类会再看到“树林里有禽龙，海洋里有鱼龙，而翼手龙飞翔于浓密高大的蕨类丛中”。

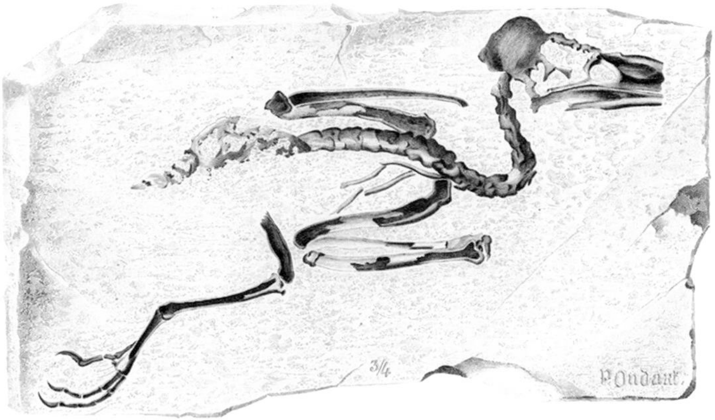

德·奥尔比尼通过对无脊椎动物的研究，进一步认识了地层的排列顺序

德·奥尔比尼在1825年发表了他的第一批古生物学著作后，奉派前往南美洲探险。他日后致力于地层古生物学的研究。在1869年出版的《德·奥尔比尼地图集》中，他绘制了在巴黎采石场里找到的一块鸟类化石。

法国博物学家德·奥尔比尼（Alcide d'Orbigny）从南美洲旅行回来，带回许多笔记和材料，内容包罗万象，举凡人种学、地质学等领域的资料都很丰富，其中最重要的是化石。德·奥尔比尼带回来的化石，是法国有关南美洲古生物学的第一批重要收藏。

此后，德·奥尔比尼全力研究无脊椎动物的化石。他在《地层古生物学绪论》一书中，描述了1.8万种无脊椎动物。以前已经有人说过，某些化石只存在于特定的地层内，德·奥尔比尼更进一步，列出了27个地层，说明每个地层的特殊化石。他的分类成为地层古生物学的基础，迄今仍被采用。但他支持居维叶的说法，恪遵物种固定论，于是拟出地球上的27次大灾变，分别与各个地层相呼应，而其中最后一次大灾变，就是《圣经·创世记》所记载的大洪水。

植物也在古生物学研究中找到了位置

与德·奥尔比尼同时代的布伦尼阿（Adolphe Brongniart）致力于研究植物。最初是现代的植物，然后扩展至植物化石。他遍游欧洲各地，到植物原产地去寻找研究材料，带回新的标本。他发现了古生代的植物，还鉴定了许多今日业已消失的植物群。

达尔文的进化论

英国博物学家达尔文，原本研究的是现存的动物。从研究中，他重新探讨拉马克提出的进化观点，提出了“自然选择”（natural selection）的说法：唯有最适应环境，不被自然淘汰的生物，才能生存下来。1859 年，他出版了《物种起源：依据自然选择或在生存斗争中适者生存》一书。这部划时代的巨著，马上激起科学界热烈的反应。有些人欢迎这种新理论，另一些人，特别是信仰虔诚者，却极感愤怒。1871 年，他在《人类的起源》中把人类列入动物界，而且竟与猿猴同出一源，抗议之声更是达到了顶点。

达尔文的著作对宗教界和科学界产生了重大的震撼。自此之后，人类可以纳入自然界之中，确定在生物界真正的位置。到了 19 世纪下半叶，第一批人类的化石出土，成为进化论的有利佐证。进化论不仅对现代科学起到革命性的作用，也普遍影响了当代思潮的各个层面。

PROF. DARWIN.

This is the ape of form.
Love's Labor Lost, act 5, scene 2.
Some four or five descents since.
All's Well that Ends Well, act 3, sc. 7.

用古生物学的证据支持进化论观点

达尔文熟悉化石，但是并未深入研究。不过他倒是提出了一些难以解答的问题：在已灭绝之物种的演进中，有太多“遗落的环节”，也就是说，缺少许多进化的中间形式。

法国生物学家戈德里（Albert Gaudry）研究后发现，在希腊的派克米（Pikermi）以及法国的奥弗涅（Auvergne）等地发现的动物化石，属于进化的中间阶段。他得出结论：即使是生物最近的祖先，其形态亦极为古老，而生物代代相传，毫不中断。1859年，戈德里证实在圣阿舍尔（Saint-Acheul）所收集到的燧石，与某些已灭绝的哺乳类动物属同一时期。德·彼尔特（Boucher de Perthes）说过，人类起源十分古老。这说法与戈德里的发现不谋而合。古生物学验证了进化论的观点。

运用居维叶提出的方法，越来越多已绝迹的动物重新现身。其中之一乃是“可怕的蜥蜴”——恐龙。曾有 1.6 亿年之久的时间，恐龙是地球上的动物之王，但随后它们竟突然消失了。

第四章
史前生物之王

《巨大的海龙》一书的插画，是由一位英国收藏家霍金斯所画的。此人相当特立独行。

左页是书中的一幅插图。在 19 世纪初期，这种鱼龙和蛇颈龙搏斗的画面，延续了人类对恐龙传说的梦魇。

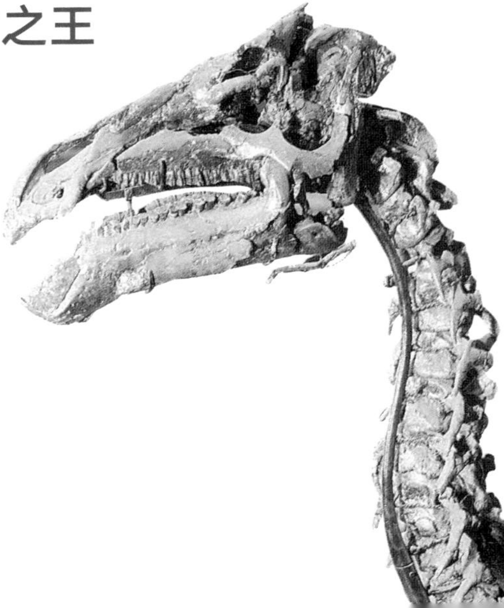

最早鉴定出的恐龙类动物，是侏罗纪的海洋爬形类。19世纪初期，“蜥蜴鱼”鱼龙（*Ichthyosaurus*）和蜥蜴的“近亲”蛇颈龙（*Plesiosaurus*）的骸骨先后出土。见到这些古怪的海洋生物，人们不免想象力横生，按照当时的浪漫派趣味，重新构想远古的景象。其中一例是第72页霍金斯（Thomas Hawkins）所绘制的图画，描绘鱼龙和蛇颈龙激烈的搏斗。

巴克兰努力不懈，一心要证明化石是大洪水造成的结果，也从这观点来解释他所有的发现。1823年，当他在鹿和牛科动物的骨头化石旁边，找到一具保存完整的犀牛骨骼时，他解释说，这头动物先是被洪水冲到坑洞中，而烂泥和石子随后把坑洞填满。

1824年，德高望重的巴克兰牧师为“可怕的蜥蜴”开出了第一张出生证明

巴克兰（William Buckland）是英国牛津的杰出矿物学家。他根据一些脊椎动物的骨头，包括下颚残骸、几块脊椎骨、残缺不全的肩胛骨、好几块后腿骨，拼凑出一只动物。他写了一篇文章来介绍这只怪物，文章标题很长：《简介斑龙（*Megalosaurus*）：史东菲尔德（Stonesfield）矿区发现的巨型蜥蜴化石》。它有蜥蜴的某些特征，也有鳄鱼的某些特征，但是可以肯定地说，它既不是蜥蜴，也不是鳄鱼。它远比一般的蜥蜴巨大：“长达10米以上，体积相当于一头7英尺（2米左右）高的大象。这些特征已经由居维叶加以确定。”总之，人类从来没想到有这样的生物存在。

注意力接着转移到了陆地上的爬形动物：1825年，曼特尔描述了禽龙（*Iguanodon*）的模样

曼特尔（Gideon Algernon Mantell）是位闲不住的医生，他一看完病人，就忙着研究摆满家里的化石骨头。他坐着马车到病人家出诊时，总是不停地观望道路两边，寻找着化石。

1822年，陪伴他出诊的妻子玛丽·安（Mary Ann），有一次在病人家门口等待他完成诊断时，目光偶然转向养路工人所留下的石堆，忽然被一样闪闪发光的东西吸引住。她捡起

了那块石头，根本没料到这个动作有多么重要的意义。石头包藏了一颗化石牙齿，玛丽·安发现了第一块被后人称为“禽龙”的化石。15 年后，她带着 4 个孩子离开了丈夫。据说是受不了他那“偏执狂似的爬形动物癖”。

这颗不寻常的牙齿令曼特尔十分惊讶，他急着想更深入了解。于是，他付给采石工人优厚的报酬，请他们帮忙，结果找到了一些骸骨。他认为这是某种“不为人知的巨大草食爬形动物类”的骸骨，后来还到伦敦的地质学会大大介绍了一番。虽然得不到支持，曼特尔却不泄气，确信自己的判断是对的。

曼特尔是英国刘易斯（Lewes）小镇上的医生。他把自己的家变成了古生物学博物馆，展示个人收藏。1833 年，他迁居到著名的疗养地布莱顿（Brighton）的海边，把家人和他的化石安置收藏在一幢宽敞的房子里。1838 年，他的著作《地质学的奇迹》出版；同年，他把自己的“博物馆”以 4000 英镑卖给了大英博物馆。恐龙发现者曼特尔，就这样告别了他心爱的化石。1852 年，他身无分文，死于伦敦。今日在他刘易斯的老宅，挂着一块铜牌，上面写着：“他发现了禽龙。”

PRIMARY SERIES
Granite
Metallic Veins
Granite Vein
Clay Slate
Mica Slate

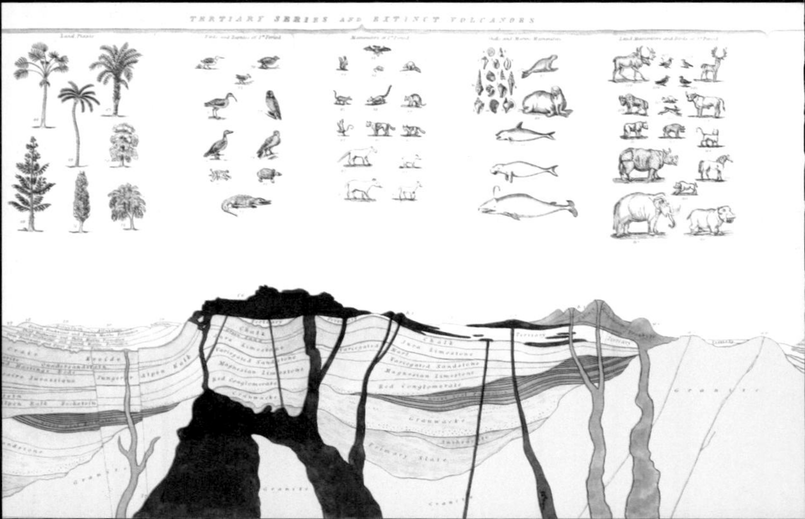
TERTIARY SERIES AND EXTINCT VOLCANOES
Chalk
Jura Limestone
Variegated Sandstone
Magnesian Limestone
Red Conglomerate
Grauwacke
Primary Slate
Granite
Tertiary

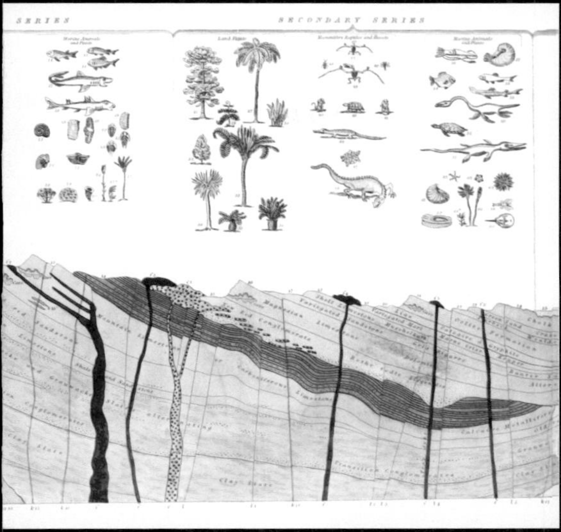

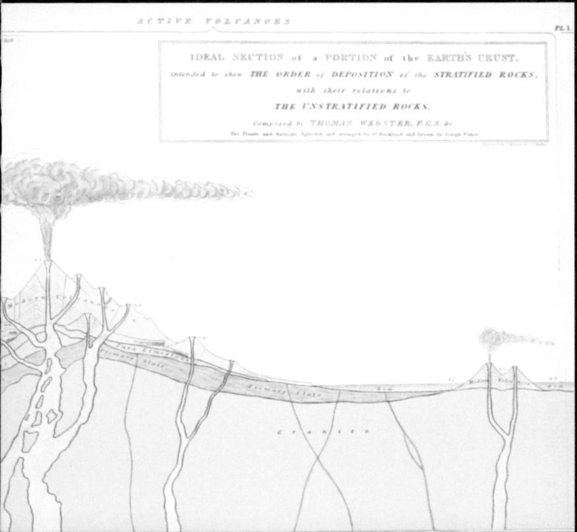

地层剖面图

热衷于化石的科学家巴克兰，从来没有忘记他的首要任务——服侍上帝。他的地质学和矿物学著作《布里奇沃特论集》，以布里奇沃特（Bridgewater）伯爵的名字命名，纪念这位伯爵给过他的支援。在这部论著中，他“向上帝的力量、智慧和仁慈致意，而这些都显示于天地万物的创造之中”。左边的插图描绘了“地壳的一部分”，其中植物和动物的配置与地层相对应。他的绘图固然出色，理论则尚显简化。

海龙

随着第一批海洋爬形动物鱼龙（图上）和蛇颈龙（图下）的发现，龙的题材又回到文学创作中。

搏斗在离木排大约200米处进行。我们清晰地看到两头怪兽。……

“是啊！……第一头怪兽长了鼠海豚的嘴，蜥蜴的头，鳄鱼牙齿。它是洪荒时期最可怕的爬形类：鱼龙！”

“另外一头呢？”

“另外一头嘛，是条有龟壳的蛇，是第一只动物的死对头，叫蛇颈龙！”

汉斯说得不错。……我面前正是两只史前海洋中的爬形类。

——凡尔纳（Jules Verne）

《地心游记》

他继续工作，带着骸骨和牙齿，前往伦敦皇家外科医学院的亨特博物馆（Hunterian Museum），那里收藏了当时最完整的动物解剖标本。他仔细比对一箱又一箱的爬形动物骸骨和牙齿，却找不到任何和他手中的骨头或牙齿相似的东西。在一个偶然的机会里，曼特尔把他的珍藏拿给斯图奇伯里（Samuel Stutchbury）看。也算机缘巧合，当时斯图奇伯里正在研究鬣蜥，一种中美洲的蜥蜴。他立刻去拿这种蜥蜴的骨骼来比对——同样的牙齿，不过曼特尔的要大得多！这证明曼特尔的判断是正确的。

1825 年，曼特尔在《皇家学会哲学报告》杂志上发表了一篇介绍禽龙的文章。为了解开禽龙之谜，他花了 3 年时间做研究，并且和学者热烈讨论。居维叶、巴克兰和其他学者最后都同意曼特尔的见解。

9 年以后，亦即 1834 年，在英国肯特郡（Kent）梅德斯通（Maidstone）的一个砂岩采集场，发掘出一只幼年禽龙的骸骨，各关节虽已脱落，但大致完整。曼特尔随即修正了自己的看法。早先在 1825 年，他曾制作过一具鬣蜥的模型，嘴上长了一只小角。到了 1851 年，他却认为：“禽龙与蜥蜴类的动物不同，支撑躯体的方式反而像哺乳类动物。它腹部离地的距离，比现存的蜥蜴类动物都来得高。”

1841 年，欧文率先提出“恐龙”这个名词，来统称一种已变成化石的陆上爬形类动物

在曼特尔和巴克兰前无古人的研究后，陆续还有其他发现。到 1841 年，学者一共确认了 9 种中生代的爬形类动物。其中两种是由英国的古生物学家欧文（Richard Owen）发现的。

欧文的解剖学知识非常丰富。他把由化石重建出来的爬虫和现存爬虫相比较，得到下面的结论：这些化石爬形类动物不应和当今的爬形类动物归在同一目，当然更不应归在同

欧文 1804 年生于英国的兰开斯特（Lancaster）。修完一般医学课程以后，他把兴趣全部投注在解剖学上。1836 年被任命为教授之后，他发表了许多研究成果，成为英国科学界的领袖人物。他也是英国维多利亚女王的好友。

欧文在1841年描述了两种三叠纪和侏罗纪的爬形类化石。后来，在普利茅斯举行的会议上，他把这些古怪的化石命名为“恐龙”。这个名称在1842年首次见诸文字。

一科。它们不是古代的鳄鱼，也不是古代的蜥蜴，它们是独特的爬形类动物，具备明显的解剖学上的特征。欧文于是判断，这些动物属于早已从地球上灭绝的庞大族类——“恐龙”（*Dinosauria*）。这个词的前半部分源自希腊文“deinos”，意思是“可怕”；后半部分的“sauros”意思是“蜥蜴”（指爬形类）。至此，人类对过去的认识又迈出了新的一步。不过，欧文所做的区分仅止于较大的范畴，因此仍有待日后做更细的分类。

已灭绝的动物重现眼前

霍金斯于1853年12月31日举行宴会，地点是在一座形状如翼手龙翅膀的大厅里。厅中放了一只雕塑的禽龙，餐桌就摆在它的肚子内。

这些化石骨头一旦添加上肌肉和皮肤，会是什么模样呢？到19世纪中叶为止，研究人员所做的，充其量只是组合起骨架而已，其他的都还只能想象。当时欧文已是英国科学界的杰出人物，于是由他负责一项大工程：复原这些动物化石，让它们以实际的尺寸、立体的模样，出现在世人眼前。

这个计划在1854年实现了，地点在伦敦郊区的海德公园，一座叫水晶宫（Crystal Palace）的展览大厅。前来参观的游客漫步于恐龙、鱼龙、蛇

颈龙，以及各类的哺乳类动物与鳄鱼之间。这些生物是由欧文和雕塑家霍金斯（Waterhouse Hawkins）合力造出来的。

为了庆祝这桩盛事，他们还举办了一场晚宴，禽龙乃是宴会上的主角。一张餐桌就摆在这只复原动物的身体里，欧文坐在上位，也就是禽龙头部的方向，而霍金斯和 20 多位客人则坐在腹部。

到了今天，我们知道这项复原工作实际上有不少严重的错误。举例来说，禽龙是典型的两足动物，后腿非常结实，而“手臂”粗短，拇指上有钉状的突出物——欧文却误把这只尖爪安放在禽龙的鼻尖上。一直要到发现了比利时贝尼萨尔（Bernissart）的化石地层之后，这些错误才得以更正。在此之前，关于禽龙或者其他恐龙类动物的资料不多，只有一些零碎的骸骨，因此复原的工作异常困难。

伦敦海德公园 1851 年的博览会极为成功。3 年之后，会场的立体建筑物水晶宫，在伦敦郊区重建起来。水晶宫的四周是公园，里面安置了生存于史前英国的动植物。画家兼雕塑家霍金斯，在欧文的指导下制作出各种恐龙。

发现贝尼萨尔地层

1877 年，在比利时贝尼萨尔的煤矿中发掘出一些化石，不过并未引起注意。隔年，矿工们在地底约 300 米深的地方挖通风孔时，无意中发现了一具巨大的动物骸骨。这件事后续的处理，日后成为考古工作的标准程序：工人先通知矿区的主管，主管再报告布鲁塞尔的皇家科学院。科学院于是派遣冯·伯内登（Pierre-Joseph van Beneden）博士——一位杰出的古生物学家来到现场。他判断这是禽龙的遗骸。贝尼萨尔地层有数量极多的禽龙骸骨，可说是空前的大发现。

在欧洲，甚至在全世界，可能不会再有第二个贝尼萨尔地层了。旧的陆块上说不定还有同样蕴藏丰富化石的地层，可是文明急速发展，采集工作变得十分困难。经济进步固然有助于古生物学进展，却也同时带来危害。每当挖开地面时——无论是为开矿、采石，还是筑路——就有可能挖掘到遗迹。但若不按科学程序来处理，一不小心就会毁掉这些往昔生命的痕迹。挖到化石时，现场并不一定会有内行的工人，懂得去通知主管，然后一层层通报古生物学家和科学机构。现代的机器一下子挖下一大块泥土，根本没有时间搜寻化石的踪迹。

贝尼萨尔地层挖掘出 10 副完整的禽龙骨架，以及许多不完整的骸骨。为什么这些动物统统灭绝了呢？禽龙是巨大的草食性动物，在 1.3 亿年前，成群生活在这个当时气候潮湿炎热的沼泽区。这些禽龙是为了逃避某种危险而陷入此处疏松的泥层，还是在一个比较干燥的季节出发寻找水源，所以来到土质不稳定的沼泽边缘，终至陷入其中呢？我们也许永远不会知道答案。

这些禽龙的骨架经过整理，目前陈列在布鲁塞尔的皇家自然科学中心里。

把化石视为妖怪的时代过去了。不过现实却比幻想更不可思议：恐龙竟比巨人还要高大。古生物学就要逐步揭开谜底了。在这场解谜的竞赛中，学者和好奇的业余研究者都站在起跑线上。

第五章
业余爱好者与专家

工人和艺术家都对古生物学有贡献。矿工在矿井深处发现了被掩埋的古老森林（右图），艺术家则将已经灭绝的动物重现世间。左页图是布里安所绘制的长毛象。

藏在田野里的珍宝——这是美国得州一位农场主人蒂德维尔（Tidwell）不经意的发现。1亿年前的达拉斯是残酷无情的世界，蛇颈龙互相争斗而死，葬身于此，……古生物学十分依赖这种纯靠运气的发现。这项发现可以显示，业余爱好者所能发挥的作用很大，而化石遗址遭私下侵占的危险也不小。

业余爱好者（amateur）是指对某样事物有特殊偏好，但并不以此为职业的人。19世纪的古生物学界有一大批的业余爱好者。当然，以往也不乏这类人物，但19世纪的业余爱好者有其独特的地方。他们不只研究化石，对自然界的所有事物也都有兴趣，他们收藏品的种类非常广泛，便可以反映出这一点。他们讨论化石，往往出于哲理思辨的兴趣。但凡人类所能想到的主题，他们都喜欢加以讨论。在19世纪，有人把古生物学当作业余的消遣，而且是唯一的消遣，他们利用空闲时间去寻找化石、研究化石、解释化石。这些业余爱好者，对古生物学这门新兴科学的发展，有无比重要的贡献。

天才型的业余爱好者

19世纪研究古生物学的个中佼佼者，并不全都是专业的古生物学家，许多业余爱好者也扮演了极重要的角色。曼特尔一直是医生。冯·迈尔（Hermann von Meyer）是《古生物学》杂志的创办人，也是研究爬形类化石的权威，同时担任德国议会的财务官员，后来还当了行政主管。为了保持独立，他甚至在1860年拒绝在哥廷根大学任教。

学者和化石常常占据英国报纸中的头版，也不时成为漫画家取材的对象。

在法国南部迪尔福（Durfort）地区，1873年有人发现了一副南方象（*Elephas meridionalis*）的完整骸骨。这头动物在100万年前，站着陷入了一片沼泽中。挖掘工作非常棘手，而且必须逐步强化固定住骸骨。如今这副骨架陈列在巴黎国立自然史博物馆里。这头象比长毛象的年代更古老，体形也更庞大，它生活在炎热的气候之中，所以身上没有长毛。

教会里也有一些人钻研这门“古老世界的科学”。德高望重的巴克兰牧师就是一个好例子，法国中央高原一个小村庄里，有位代理主教克罗瓦泽（Croizet），既关心他的信徒，也关心教区里的化石。对他来说，“石兽”乃是上帝不断创造万物的证明。

有许多在“正统”古生物学领域——大学讲坛、博物馆的有关部门——占据一席之地的科学家，昔日也都是业余爱好者。

法国的拉泰（Édouard Lartet）是有系统地挖掘化石地层以及研究古人类学的先驱，于1869年担任巴黎国立自然史博物馆的古生物学教授。在此之前，他从事的是法律工作，和古生物学似乎没有关联。但是，有一位农民为了感谢拉泰所提供的法律建议，送给他一颗牙齿化石，从而引导他走上了这条路。

博物学家各据一方，辛勤挖掘化石

有些古生物学家，例如19世纪美国著名的化石收集家马

什（Othniel Marsh），只在室内工作，负责分析及解释别人收集到的材料。不过，也有许多古生物学家非常喜欢亲自参与挖掘，例如曼特尔在他的英国家乡、马什的死对头柯普（Edward Drinker Cope）在美国、戈德里在希腊、德·奥尔比尼在南美洲。

不少业余的化石收集者也和这些亲自动手挖掘的古生物学家有同好。这两种化石爱好者，必要时会充当临时工，亲自在深数十米的地下挖掘。他们连续好几个小时敲打岩石，刮下泥土，也不管烈日当头或大雨倾盆，有时还得在无路可寻的地方跋涉好几千米。他们不像衣冠楚楚的学者，倒比较像挖土工人。

不论是业余爱好者，还是专业的古生物学家，都必须依赖采石场和矿区里提供信息的人。这些人因为工作关系，一直待在作业现场，可以适时通报新的发现。他们所担任的角色，无论过去或现在，都是不可或缺的。他们的贡献不计其数，荷兰马斯特里赫特发现的马斯河爬形动物就是很好的例子。

德·奥尔比尼是第一位亲自到远方采集化石的古生物学家。他24岁时坐船到南美洲，8年内，他从亚马孙河来到巴塔哥尼亚，从大西洋沿岸到太平洋沿岸。经历了千辛万苦，1834年，他把大量的地质学、博物学和人种学的材料带回法国。1853年，巴黎国立自然史博物馆特别为他设立了古生物学讲座。

化石交易商人的出现

业余爱好者并不一定都是慷慨无私的。由于人们的兴趣不断增长，化石也就提供了商机。此外，博物馆和古生物学家也都在寻找更多的研究材料。只要有顾客,商人自然会出现。化石地层附近的居民很快就明白，他们能够从地里获得丰厚的收入。

最著名的例子是英国的安宁（Anning）一家。他们住在西南岸莱姆里季斯（Lyme Regis），那一带拥有丰富的中生代海洋爬形动物化石。18 世纪末期，这家的父亲理查，把他找到的化石卖给来参观的人，以改善家境。他死后，两个孩子约瑟夫和玛丽，还有他们的小狗，把出售化石作为家庭企业的方向，经营得有模有样。这个地区的海岸是一大片悬崖，露出不同的地层,暴风雨之后,常有泥土会崩塌。为了寻找化石,玛丽常带着小狗,沿着悬崖溜达。她把收集到的化石卖给公爵、男爵和其他贵族，他们是为了赶时髦而研究古生物学。这些人最后常会以遗赠或捐赠的方式，将化石收藏品送给大英博物馆。

始祖鸟的第一块化石，于 1860 年在德国巴伐利亚索尔恩霍芬（Sölnhofen）的一个采石场被发现。这块化石的原始所有人以 700 英镑的价格将化石卖给大英博物馆。第二副骸骨在 1877 年被发现，最初由一位精明的收藏家以 140 马克买到，他立刻转手卖出。由于物以稀为贵，他卖给柏林大学洪堡博物馆的价格是 2 万马克！

玛丽·安宁在英格兰的海岸边来回漫步，寻找化石。当她一找到化石，便留下她的小狗在原地作标志，自己赶回家去带人来帮忙。这只可怜的狗后来被崩塌的岩石压死，成了科学的殉难者。

1908 年 6 月 15 日，梁龙模型开始在巴黎国立自然史博物馆展出。开幕当天，在该馆古生物陈列厅里举行“梁龙晚宴”。下图是晚宴的菜单，每道菜的名字都用上了史前生物的名称。

玛丽和她的小狗有不少出色的发现。第一副经鉴定为鱼龙的骸骨，就应该归功于他们。这副骸骨由霍姆（Edward Home）爵士以 23 英镑买走。由于这类动物知名度日益提高，身价随之节节上涨。4 年以后，另外一个鱼龙的标本以 150 英镑拍卖出去。1824 年，白金汉公爵（Duke of Buckingham）以同样的价钱，买了一副未经鉴定但相当完整的动物骸骨——后来证实是蛇颈龙——同样是由玛丽和她的狗所找到的。不完整的骸骨价钱要便宜得多，像居维叶只出价 10 英镑就买到了一根禽龙的股骨。

当然也有人并不那么功利。例如在英国纽卡斯尔（Newcastle）煤矿区，有个杂货商阿特雷（Atthey），用自己的货品跟矿工交换化石。一有时间，他就研究化

美国实业巨子卡内基在 1907 年时，决定赠给法国一具梁龙模型，作为两国友谊的象征。这个模型分装于 34 个箱子内，1908 年 4 月运到巴黎。霍兰德（Holland）教授和他的助手从美国随船一起过来，指导装配工作。这个模型在巴黎国立自然史博物馆展出。

石。他并没有利用化石发财，最后甚至还破产了，但他的工作获得科学家们长久的尊敬。

德国的豪夫（Bernhard Hauff）使化石交易更趋完善。从 19 世纪 90 年代开始，他提供客户“现成的”化石：他把动物骨架整理干净，在黑色的板岩上重新组合起来，而这些骸骨原先就是嵌在黑色板岩里面的。他的实验室里各类存货充裕：鳄鱼、蛇颈龙、飞龙、鱼以及各式各样的无脊椎动物。他的收藏品中最值得一提的是鱼龙，因为在研究了他所拥有的一块化石后，人们才发现了鱼龙有背鳍和尾鳍。

赞助化石研究之风盛行

正当有些人在从事化石的投机买卖之时，另外一些人却捐出财产，资助化石研究。

这种风气在美国最盛。银行家、大企业家出钱资助探险行动和化石采集，甚至设立博物馆。美国钢铁大王卡内基就在匹兹堡建了一座博物馆。这座博物馆成立不久，便以恐龙藏品丰富而蜚声国际。20 世纪初，卡内基博物馆所组织的队伍在犹他州发现了一个地层，埋藏有丰富的中生代爬形类动

大英博物馆自然史分馆（左图）在 1880 年开幕，拥有重要的化石收藏品。在巴黎，古生物的大陈列厅（右页图）是由杜泰尔（Dutert）建造的，他也是 1889 年世界博览会会馆的建筑师。古生物陈列厅在 1898 年 7 月 21 日开幕，立即大受欢迎，第一个星期天就吸引了 1.1 万名观众。

下图这只象鸟是在非洲马达加斯加岛被发现的。陈列在巴黎国立自然史博物馆，高 2.68 米。

物。挖掘工程进行了好几年，由卡内基出钱资助。这个“卡内基采石场”，现在是美国国家恐龙纪念地（Dinosaur National Monument）。

卡内基博物馆制作了几副卡内基梁龙（*Diplodocus carnegiei*）的模型，分送给 7 个国外博物馆：伦敦、巴黎、柏林、维也纳、意大利的博洛尼亚、阿根廷的拉普拉塔（La Plata）、墨西哥市。这种梁龙化石，正是卡内基博物馆的品牌收藏品。卡内基的后继者，也是钢铁巨子的弗里克（Frick）和麦克纳（McKenna），延续了资助古生物学研究的传统。

另一个例子是皮博迪（George Peabody），美国银行界的名人。他资助外甥马什的学费与研究经费，为他日后辉煌的化石采集生涯奠定基础。皮博迪还捐助许多学院、大学和 3 所博物馆，包括耶鲁大学和哈佛大学的博物馆，这两所博物馆都冠以他的名字。

大城市相继设立自然史博物馆，陈列引人入胜的古生物

博物馆一旦得到政府拨款或私人遗赠和捐赠，便可以增加化石的收集，吸引人潮。化石收集得多了，博物馆必须开放新的展览厅或扩大馆址。原本为了收藏方便，博物

馆的藏品限于骨头、贝壳、鱼类等体积较小的化石，而现在，巨大的骨架可以进入大厅。对一般的观众来说，这些具体而生动的展示品让人一眼就看懂，骨架标本所能达到的效果，比以前那些零碎的化石全部加起来还要大。

1880 年，大英博物馆把有关博物史的收藏单独移往南肯辛顿（South Kensington）的新馆区陈列。在巴黎，戈德里于 1898 年获准设立一座古生物陈列厅。德国的博物馆——法兰克福、柏林、斯图加特也有类似的做法。这些博物馆设有实验室，有专人做研究，所收集的标本可能来自非常遥远的地方。根据记载，在 19 世纪末，慕尼黑博物馆分别从阿根廷、乌拉圭、美国、希腊、英国、埃及等地取得化石。

新成立的美国博物馆非常积极。规模较大的有纽约的美国自然史博物馆、皮博迪博物馆、卡内基博物馆，以及华盛顿的美国国家博物馆。

最早的化石图像可以追溯到旧石器时代欧洲岩洞中的动物绘画或雕刻。一些今日仅以化石面目出现的生物，当时还活在世间。16 世纪至 18 世纪，在重现已灭绝动物的样貌时，大部分是凭借想象而得，如 16 世纪德国画家丢勒绘制的犀牛，以及 18 世纪阿贝蒂尼（Abertini）所虚构的独角兽。到了 19 世纪，一切都改变了。人们以化石为根据，来复原古生物的形状。不过其间仍有一些误差，例如霍金斯所制作的陈列于水晶宫的恐龙（左页图），以及奈特所绘的海怪（上图）。到了 20 世纪，靠着解剖学，我们才真正能精确地重现古生物原貌。

艺术家再现灭绝物种所置身的环境

布置博物馆，仅仅把零散的化石陈列出来是不够的，参观者想看的是古生物的复原“形体”。复原的古生物不仅有科学的根据，看起来也比较有趣。因此艺术家应邀参与，在古生物学家的指导下工作。欧文在水晶宫的展览，带动了英国这方面的风潮。纽约中央公园原有一个类似的计划，准备邀请曾与欧文合作过的专家霍金斯领导，后来由于政治因素而告吹。

除了重现古生物的形态之外，工作人员也考证了古生物的实际生活环境。作为展示背景的，不再仅是时空不明的波涛，而是与古生物同时期的植物与生态。在这类重现已湮灭世界的工作上堪称高手的，有英国的史密斯（J. Smith）、法国的费及耶（Louis Figuier）和弗拉马里翁（Camille Flammarion），以及美国的奈特（Charles Knight）等人。

6.
2.
5.
7.
12.
13.

侏罗纪的欧洲

这是幅绘制于1880年的古生物复原图。海里游弋着巨大的海洋爬形类，如鱼龙、蛇颈龙，它们或多或少有好斗的天性。在岩石上攀附了一些会飞的爬形类，如翼手龙、喙嘴龙。水中还可以看到菊石、箭石、五角海百合、长刺海胆、状似牡蛎的卷嘴蛎和鳞片鱼。在岸边的是球果植物南洋杉、类似棕榈树的植物，以及枝叶呈冠状的苏铁。两只始祖鸟在空中飞翔。

5.
6.
3.
2.

白垩纪的欧洲

这是 19 世纪末期画家所绘制的画面。岸上有三种恐龙：斑龙、禽龙、雨蛙龙。由居维叶命名的马斯河爬形动物，从水中伸出头来。一只会飞的爬行动物攀附在岸边岩石上。岸上有苏铁。

19世纪末，在大西洋彼岸的北美洲，仍有广阔的领土渺无人烟，等待移民前来拓荒、古生物学家来探索。人们原本认为，从欧洲消失的巨人和妖怪就栖息于此，但后来竟在这儿发现了丰富的化石蕴藏。

第六章

未开垦的新世界

探索新的地区，往往为化石研究找到越来越多的素材。例如挪威的古生物学家，曾经到北极圈的斯匹次卑尔根（Spitsbergen）群岛，仔细搜寻化石。左图中的木条箱内，装有恐龙印痕的石膏模型，正准备装船运往奥斯陆博物馆。

一些完整无缺的动物骸骨在美洲被发掘，其中有些庞大无比。这些动物，有的以前只被发现过部分骸骨，有的则根本前所未见。这些发现激起了大众的热烈回响，古生物学的魅力扩散到学术圈之外。

其实，北美洲最初发现化石的时间是在 18 世纪中叶，当时美国上层社会人士，也和欧洲人一样热衷于化石。美国第三任总统杰斐逊（Thomas Jefferson）在未当总统之前，曾经写过灭绝动物的历史。1804 年，杰弗逊派遣两名军官克拉克（William Clark）和刘易斯（Merriwether Lewis）探索美国西部，寻找往太平洋的通路。据说他同时也指示，要注意找寻化石动物是否仍有后代存活到今日。不过后来克拉克和刘易斯找到的还是化石。至于古生物学在美国西部获得突破性的进展，则是 19 世纪下半叶的事了。

希区柯克临终时，仍然相信他在康涅狄格河河谷里发现的足迹是巨鸟的爪印。当时这些足印陈列在阿默斯特学院（Amherst College）博物馆时，亦是如此标示说明（右页图）。

19 世纪初期，化石的重要发现集中在美国东部

皮尔（Charles Peale）是一位肖像画家，也喜欢收集博物史研究的标本。他在 1801 年得到美国哲学协会的帮助，在纽约州的奥兰治（Orange）地区挖掘乳齿象的骨骼。他为了挖掘工作，还特别设计了复杂的机器设备。他后来找到了零散的鱼类、爬形类和哺乳动物的化石。有位“神学与自然地质学”的教授希区柯克（Edward Hitchcock），在康涅狄格河（Connecticut River）河谷内找到了足印化石，他认为这是高达三四米的大鸟所留下的爪印，也可能是爬形类或有袋类动物的足印。

不过后来证实，这些是早期恐龙的足印，而这些恐龙的构造与鸟类相似。

稍后在 1858 年，宾夕法尼亚大学解剖学教授莱迪（Joseph Leidy），对一种名叫“*Hadrosaurus foulkii*”的恐龙化石进行研究。这种恐龙的命名，是为了纪念领导挖掘工作的富尔克（Parker Foulke）。结果莱迪发现这类动物的生存区域仅限于北美洲。

有位德国收藏家科赫（Albert Koch），开始从事装置化石骨架的工作。不过他的动机，倒不是出自对科学的兴趣，而是想从化石交易中获利。1832 年，他以一些破损的乳齿象骨头，拼凑出一副巨大而古怪的骨架，宣称这是《圣经》中的海怪“*Missourium*”，展示供人参观。这副骨架两年后卖给大英博物馆，由馆方重新组合，变得较符合实际的形貌。

科赫看到他的做法有利可图，便在 1844 年故技重施。这一回，他用了至少 5 种动物的骨头，创造出一只 35 米长的海蛇“*Hydrargos sillimanii*”，这只纯属虚构的动物在纽约展出了一段时间，然后在欧洲各个城市巡回展览，到后来还作为献给普鲁士国王的礼物，安放在柏林博物馆。不过科学家们最后还是揭穿了它的真面目。

莱迪是美国脊椎动物古生物学的创始人。他站在这种叫“*Hadrosaurus*”的恐龙骨头旁边，非常自豪。这是北美洲找到的第一具恐龙骨架。

这个场景发生在19世纪初期的美国东部。马斯腾（John Masten）在家乡奥兰治的农场里开采泥炭。1799年的某一天，他挖到了巨大的骨头。他马上叫来上百位邻居，合力挖掘与搜索，起出大量骨头。但是，他操之过急，地面陷落下去。两年后，一位富有的费城收藏家皮尔决定加入。他出了100美元，租下马斯腾的泥炭地。他安装了一套复杂的设备，包括一个大轮子和抽水机，不过这套机器所能做的，只是不太复杂的抽水工作。在许多好奇的围观者面前，皮尔很快就起出一具几乎完整的乳齿象骨架，只缺了下颚，……挖掘人员在附近的泥炭沼地里寻找，终于发现了一个下颚，上面有牙齿。当时人们做了一个似乎合理的推论：这些可怕的野兽必定是肉食类。然而，我们现在知道，不论在什么时期，长鼻类动物一直是草食的。

准备妥当，就要出发搜寻恐龙：马什（上图后排中）与手持来复枪的队员合影。

征服美国西部的第一站：
内布拉斯加州的“不毛之地”

“不毛之地”(bad lands)，是移民给这块土地所起的名字。这里由于植物稀少，光秃秃的地表受到严重的侵蚀，露出缺口与深沟。这块令农人绝望的土地，却是化石采集者的乐园。

莱迪曾经这样描述自己的工作：“地质学家因烈日烘烤而无精打采，但是他们不让自己松懈下来。沿途化石的宝藏足以弥补酷热和疲倦之苦。每走一步，都会有令人兴奋的东西呈现眼前。”

这里挖掘出大大小小的哺乳类动物，马类化石尤其多，大有助于理解现代马最早的系谱。

人们这才意识到，这片移民刚刚开发起来的土地，可能蕴藏了极丰富的化石。

开垦美国西部的行动，因南北战争而中止了一段时间。1865 年恢复和平之后，又展开更大规模的开垦。大型的探险活动也渐渐多了，规模比以前大，也有人开始有系统地采集化石了。

掀起恐龙热

横贯美洲大陆的铁路，为挖掘化石开了一条广阔的大道。几千名工人挖开土地，安放铁轨和路基，他们随时都有可能挖到埋藏在地下的化石。古生物学家对此自然不会放过。有两位寻找恐龙的人，在这段历史中留下姓名：马什和柯普。他们两人在欧洲相遇，都是前去进修古生物学的。当时欧洲这方面的研究仍独占鳌头，许多美国学者都来此进修。他们两人在欧洲结下了友谊，1868 年回美国以后，还共同做了一些勘察。但是，后来两人的关系迅速恶化，甚至转变为无情的对立。

1877 年，一位年轻的小学教师雷克斯，在科罗拉多州的莫里森（Morrison）发现了至当时为止最大的化石骸骨。他写信给马什，恳求金钱援助。马什立刻寄来一张支票，并且派遣他的探索队队长——地质学教授穆奇（Benjamin Mudge）来到现场。雷克斯后来签约加入马什的小组，并被派往怀俄明州的科莫布拉夫（Como Bluff）的化石地层。这片地层是 1877 年由联合太平洋铁路公司的两名员工发现的。

他们两人都想抢先到达现场，以获得重大的发现；他们争相诱使工人签下合约，以保证自己有独占化石的权利——这方面马什占优势，因为他比柯普有钱。他们有时候甚至采取暴力的手段，以阻止对方的人马进入自己的地盘。两人还打了一场文字战——不过这倒是有科学价值的战争。柯普在论文数量方面大幅领先，他发表了 1400 篇，而马什只有 270 篇。柯普的文章用电报发出，他创造出稀奇古怪的字，为新发现的种类命名（总共有 1000 余种），而他使用的术语也是一片混乱。

两人的竞争愈演愈烈，甚至互相指责，说对方偷窃化石，将发现化石的日期往前虚报等。报纸也卷入了这场争端。双方发出严厉的指控，诸如侵吞公款、政治诈骗等罪状纷纷出笼。直到 19 世纪末两人相继去世，这场战争才告终止。

发现化石的消息，用信件或电报很快地传递出去。于是

科莫布拉夫的负责人叫里德（W. H. Bill Reed），以前是猎兽人。他和雷克斯之间的关系十分紧张。雷克斯想做科学研究，他画下每一块化石的图形，并记笔记。里德却称雷克斯是懒鬼，责备他只喜欢摇笔杆，而不去动鸭嘴锄。然而，要不是靠着雷克斯的水彩画，我们对这些“恐龙猎人”的日常生活，可能只会有模糊的概念而已。上图画的是穆奇（右）在观察新发现的化石骸骨。

在题为《科学的乐趣》的这幅水彩画中，雷克斯站在助手旁边。不过，1879年2月，在科莫布拉夫的生活绝对称不上快乐。……可是，一个冬天接一个冬天，挖掘工作不断有进展，成吨的化石被运往纽黑文的马什那儿。

主持研究者可以派人赶赴现场观察评估，决定是否要进行挖掘。如果答案是肯定的，就会组成采集小组，其中成员有时包括铁路工人和附近农场的工人。挖掘工作极其艰辛：无论冬夏，无论气候条件多么恶劣，都得用手掘出含有化石的大块岩石。

马什手下一位工作人员雷克斯（Arthur Lakes）描述道：“风雪交加的天气里，我们在9米深的狭窄洞底，手指在零下二三十摄氏度的严寒中冻僵了。大雪纷飞，模糊了视线，骸骨一挖出来就被雪片覆盖住。”他又在1879年8月9日的日记中写道：“狂风暴雨，冰雹像鸡蛋一样大。”

挖出来的宝贵物品，要用篷车运到最近的河边或铁路沿线上，再转运往东部。整个过程必须小心装卸，而且运送的船只也必须经过特别设计，能够负载岩石的重量。不过翻船事件还是无法完全避免。

另外还得应付印第安人。通常，采集小组会趁印第安人季节性或战略性地迁徙时采取行动，有时则必须随机应变。据说有一次柯普就是靠装卸他的假牙这小把戏，竟然得到印第安人的好感！他们对这种把戏深深着迷，要求他重复了好几次，然后才让他通过。印第安人虽然容许化石采集者在他们的土地上挖掘，却并非没有恐惧——某些印第安人认为，化石骸骨是遭大神杀死的巨蛇遗骨。

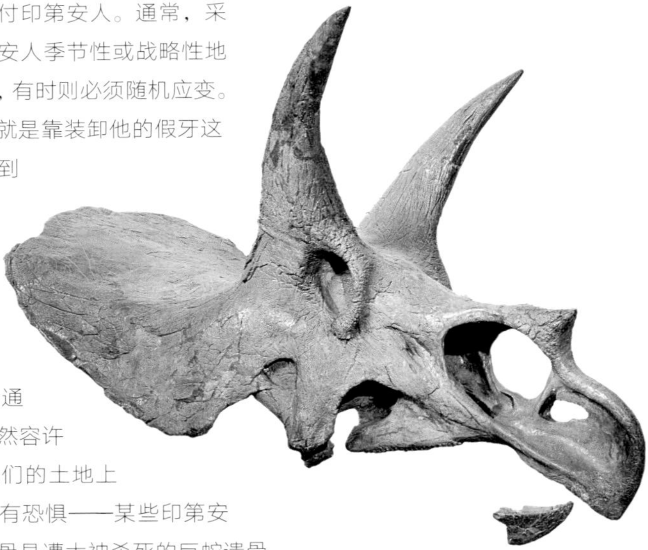

化石采集者之间的竞争，有助于古生物学的进步

马什和柯普在竞争过程中，发现了极丰富的化石地层：例如在科罗拉多州两人均有斩获——马什在怀俄明州的科莫布拉夫，发现保存完好的恐龙遗骸分布在 10 千米长的地带；柯普在蒙大拿州的朱迪斯河（Judith River）沿岸也有收获。通过这些新发现，一些新种类的恐龙化石重现人间。异特龙、角龙、雷龙、梁龙、三角龙……只不过是由马什或柯普所发现并命名的一小部分例子。

几乎所有 20 世纪重要的北美古生物学学者，在开始时都曾接受过他们的指导，而后承继两人的志业。这些后起之秀，彼此间倒是相处得不错。

三角龙（*Triceratops*）身长达 9 米，生存于白垩纪时期加拿大和美国的西部。马什起先认为这是一种已经灭绝的大野牛。

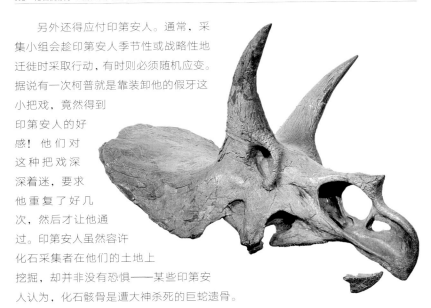

红鹿河的遗址。古生物学家布朗(Barnum Brown)和他的助手所挖到的恐龙骸骨，正准备运出去。这个地区今日属于加拿大阿尔伯塔恐龙公园，一条柏油路取代了昔日行驶马车的小路。

布朗正在红鹿河的遗址工作。在这幅1912年拍摄的照片中，布朗正在挖掘一只“*Corythosaurus*”。这种巨大的恐龙脑壳侧面平坦，生存于白垩纪末期。

美国自然史博物馆的古生物学家，用浸过石膏的粗麻布包住在科莫布拉夫“九英里采石场”所发现的恐龙的巨大脊椎，然后再装箱运走。他们也使用米浆来固定这些包扎起来的骨头。

这幅创作于1941年的史前海洋图中，插画家布里安（Zdenek Burian）将古生物学家的新发现搬上画面。我们可以看到两只史前蜥蜴的搏斗。这种水陆两栖的爬形类动物长8米，是凶恶的食肉兽，它们以尾巴有力地摆动，来推动巨大身躯往前。水面上飞翔着无齿翼龙，是有史以来最大的飞行爬形类（有些翅膀展开达到16米），在飞行中会用巨喙抓鱼来吃。它们的脑壳后面长了古怪的头冠，用以平衡嘴的重量。这两种爬形类动物也像恐龙一样，在白垩纪末期灭绝。

古生物学的研究迅速遍及全世界

19 世纪的最后 10 年，在加拿大阿尔伯塔（Alberta）省红鹿河（Red Deer River）沿岸，又发现了一处化石蕴藏地。还有美国犹他州的卡内基采石场，后来成为国立恐龙纪念馆。参观者在这些地方可以看到史前动物自岩石中现身，这也正是它们几百万年前死去的地方。古生物学家不放过任何一块地区，即使是北极和南极，也都已列入探勘的范围。

古生物学家的工作剪影：在野外忙于挖掘与采集（上图），在实验室中清理一块化石（下图）。

在这古生物学蓬勃发展的年代中，采集了极其丰富的化石，包括完整的骨架、各种骨头、贝壳、植物、蛋、矿化的皮、石化的排泄物、爪印……生命经历了漫长的年代，遗留下多样的痕迹和形态。古生物学家凭借这些横跨地质年代的证据，重建起地球史，以及在地球上生存过的生物的历史。

古生物学的新世纪

古生物学家非常注意大型脊椎动物的遗骸，不过他们也不曾忽略“小化石”。小化石的地位重要，不仅因为可以借它来探索历史，也因为它有生活上的意义。譬如某些贝壳化石，可用来协助寻找新油源。

目前利用尖端精密的技术，可以辨识单细胞生物（如细菌和藻类）在前寒武纪（距今约 35 亿年）所留下的印记——

本来研究者一直认为那时还没有生命存在。19 世纪是复活巨大生物的时代，而 20 世纪则是发现微小生物的时代。近几十年来，古生物一跃成为涵盖范围最广的自然科学：为了采集化石并将它从围岩中分离出来，要进行田野挖掘及实验室的研究分析，还需借助化学品、电子显微镜、电脑等尖端技术和工具。古生物的研究更接近科学，而浪漫色彩日渐降低。

不过古生物学家仍在岩石间孜孜不倦地探索，期望能为已灭绝生物的名单增添新页。他们知道，古生物学迄今的成就，还只不过像沧海一粟罢了。

1977 年，在西伯利亚发现了一只风干的幼年长毛象，已历经 1.2 万年之久，仍保存完好。不过这并不是第一次发现长毛象。挖掘到第一具长毛象骨架，是 1806 年的事。1901 年，第一次到西伯利亚从事科学探险的队伍带回了一只冰冻的长毛象，后来陈列在圣彼得堡。还有一只来自利亚科夫岛（Liakhov）的长毛象，于 1908 年被赠送给巴黎国立自然史博物馆。今天这只长毛象还陈列在该馆的入口处。

Motty

见证与文献

昨日初探化石，今日古生物学成绩斐然。

《地心游记》

本书于1864年出版，是法国小说家凡尔纳第二部重要的小说。作者运用地质学和古生物学的资料，通过充满幻想与诗意的文笔，带领我们到地心，做了神奇的探索之旅。

也许我们会遇到几只恐龙。科学家不是凭着一段残骨，就可以把它们重新创造出来吗？

我拿起望远镜，观察大海。海面上一片空荡。不用说，我们仍然太靠近岸边。

我仰望空中。那些由不朽的居维叶所重新组合起来的鸟类，为什么不拍打着翅膀，翱翔在这沉重的大气层里呢？

它们可以拿鱼当食物啊。仰视天际，但见空中也像海上一样，没有生物的踪迹。

不过，想象力把我带到古生物学的奇境之中。虽然我神志清醒，却陷入遐想。我仿佛看到史前的海龟在水面游动，有如浮动的海岛。黝黯的海滩上，走动着洪荒时期的巨大哺乳类动物：在巴西岩洞中发现的旧石器时代的隐兽（*Leptotherium*），西伯利亚的反刍兽（*Mericotherium*）。稍远，有只棱齿兽（*Lophiodon*），这只厚皮的大貘正躲在岩石后面，准备跟无防兽（*Anoplotherium*）争夺猎物。无防兽这种野兽，是犀牛、马、河马和骆驼的混合物，仿佛造物主在初创世界时过于忙碌，因此把好几种动物的特点凑在一种动物身上。巨大的乳齿象晃动着鼻子，用长牙撞碎岸边的岩石；而大懒兽弓身蜷伏在巨大的脚爪上，一面刨土，一面发出吼声，响亮的回音在花岗岩间回荡着。稍高的地方，地球上最早的猿猴类，正攀爬着险峻的山峰。再往高处，翼手龙挥动带翼的前爪，像大蝙蝠似的在稠密的空气中滑翔。高空中，比食火鸡更有力、比鸵鸟更庞大的巨鸟，展开宽大

的翅膀往上飞翔，直到脑袋撞上了花岗岩的穹顶。

整个化石世界在我的想象中复活。我回溯到《圣经·创世记》人类诞生前的时代，那时尚未准备齐全的大地，还不适于人类生存。我的思绪更往前推，倒回动物出现以前的景象：哺乳类动物消失了，接着是鸟类，然后是中生代的爬形类动物，最后是鱼类、甲壳动物、软骨动物、节肢动物。过渡时期的植物形的动物类（如珊瑚、海葵），接着也化为乌有。地球的全部生命都集中在我的身上，在这种动物绝迹的世界中，只有我的心脏在跳动。没有四季，没有冷暖；地球自身的热度不断升高，抵消了太阳的热度。植物长得高大惊人。我像幽灵一般，在状如乔木的蕨类中行走，迈出犹豫的步伐，踩着红色的泥灰岩和五颜六色的砂岩，或倚在巨大的球果植物的树干上，或躺在 300 多米高的楔叶植物、星叶植物和石松的阴影下。

多少个世纪，就像一天一天那样流逝了！我回溯地球的变化：植物消失了；花岗岩失去了硬度；热浪袭来，水在地表流动，沸腾，变成气体蒸发；水蒸气包裹着地球，而地球逐渐变成一团白热的气态物质，和太阳一样巨大而闪亮！

凡尔纳

这些怪物是德国植物学家暨古生物学家翁格尔（Franz Unger）所画的。第一批恐龙化石被发现之后，有人开始想象那已灭绝的动物的生活。画中的怪物生动地反映了19世纪的人对洪荒时代的幻想。

遇见洪荒时代的生物

在时光中漫游，是科幻小说中一种重要的类型。美国小说家布拉德伯里（Ray Bradbury）的小说里，主角穿越了百万年的时空，遇到洪荒世界的怪兽，陷入了焦虑与惊恐。

灯塔警报器

“嘘！”麦克顿说，“在那边，有一个脑袋冒出来了！”他指着黑黝黝的一片对我说。

果然，有样东西游近灯塔。

夜晚十分寒冷，高耸的圆塔楼仿佛冻僵了。灯塔的闪光来回晃动，警报器的呼唤，穿透了浓雾。没有办法看得更远，看得更清晰。但是大海就在前方，海浪向岸边翻卷而来。大地平静安谧，漆黑一片，黝黯如污泥，我们俩孤零零地待在高耸的塔楼里。在我们前面远处，有一丝激起的浪花，后面是一排波涛，有样东西自浊浪中浮起。突然，一个头在冰冷的海面上冒出来，黑乎乎的大头，上面一双大眼睛。颈子露出来了，接着出现的——可不是身躯——还是颈子，仿佛长得没有尽头的颈子，一直往上伸展。现在，头离海面已有 100 多米高，细长而美丽的颈子，颜色深暗。到这时，躯体才逐渐冒出海面，如同黑色的珊瑚岛，上面布满贝壳和甲壳类动物。

最后，可以看到一条尾巴在起伏。据我观察，这只怪物从头到尾有 270 ~ 300 米长。

我记不清说了些什么，只知道自己说了话。

“勇敢些，小伙子。”麦克顿在我耳朵旁说。

“不可能，我在做梦吧？”

“不是做梦，强尼，我们以前的生活才是梦。你眼前所看到的，正是 1 亿年前的生活景象。这种生活没有改变，改变的是我们——我们和地球。我们生活在一场梦里。是我们。”

怪物在远处冰冷的水中缓慢游动，阴气森森但又威风凛凛。雾气在它周围飘荡，有时候模糊了它的轮廓。灯塔的强光突然射下来，照亮了这头动物的眼睛，反射出彩色的光芒——红色，白色，红色，白色——仿佛是张唱片，用原始密码发出光的信号。一切都静悄悄，静得像雾，那笼罩着怪物的浓雾。

“这是恐龙，要不然就是那个年代的某种动物！”

我蹲下来，攀住楼梯的栏杆。

“没错，一定是那个年代的动物。”

“可是那些动物已经灭绝了！”

“没有灭绝，只不过是钻到地底下而已。钻得很深、很深，在万丈深渊的底部呢。深不可测——这个词儿不比寻常，强尼，这个词含义无穷。它可以指冰天雪地，无边的黑暗，还有世界的深渊。”

“我们该怎么办呢？”

“该怎么办？简单！我们不可以离开。现在藏身在这里，胜过待在任何船上；如果在船上，也会被冲到岸边。这只怪物和战舰一样大，几乎也一样快。”

“可是，为什么它会到这里来呢？为什么是这里呢？”

过了一会儿，我得到了回答。

警报器发出鸣声。

怪物做了回答。

它的吼声穿越过百万年的海水和浓雾，如此苍凉，如此孤寂，回荡在我的脑海。怪物向塔楼吼叫，塔楼也发出鸣声。怪物又在吼叫，塔楼回应鸣声。怪物张开大嘴，牙齿闪闪发光。它的声音酷似警报器的鸣声：凄凉、浑厚、响彻远方。在这个寒冷刺骨的夜晚，怪物独自漫游于险沉沉的大海，迷失了方向，分不清东西，才发出了呼叫。像警报器一样的吼叫声！……

警报器鸣叫。

怪物回答。

我看到了，我明白了——几百万年来，它孤独地等待着另一位同伴归来，却永远不见踪迹。它在海底孤单地待了几百万年，这几百万年里，会飞的爬形类动物从空中消失了，陆上的沼泽干涸了，巨大的爬形类和长毛象的黄金时代到了尽头，它们的遗骸埋在沥青的泥潭中。只见人类开始像白蚁般出没在山岗上。

警报器又响了。……

怪物游到 300 米外的地方，和

警报器相互应答。一闪一灭的灯塔亮光，仿佛是怪物与警报器间的联系纽带。怪物的眼睛朝着灯塔，一下像喷火，一下又像寒冰；一下像喷火，一下又像寒冰。……

怪物冲向灯塔。

警报器鸣叫。

“等着看会发生什么事吧！”麦克顿喃喃地说。

他关掉了警报器。

接下来的一分钟，万籁俱寂，在灯塔四周玻璃的环绕下，我们听到自己的心跳声，另外就只有探照灯在机油润滑过的基座中滑动的声音。

怪物停止游动，簌簌抖动。一眨一眨的眼睛像灯笼那么大，嘴巴一直张着。它的嘴里发出沉闷的呼噜声，活像火山爆发的声响。它低头左顾右盼，仿佛在找寻消失在雾中的声音。它细细察看灯塔之后，又吼叫起来。随后，它的眼睛闪烁有光，像是被激怒了似的用尾巴拍打水面。最后，它冲向灯塔，眼里尽是焦虑和愤怒。

“麦克顿，拉警报器！”我大喊。

麦克顿笨拙地拉动警报器。但是，就在警报器终于响起时，怪物暴怒起来。它巨大的蹼足猛抓塔楼，发出反光，满是鳞片的身躯在爪子的挥舞中闪亮。脑袋右侧，忧郁的大眼睛炯炯发光，像一只小锅。我觉得自己就要跌进这只小锅里了。塔楼在晃动，警报器在鸣叫，怪物也嘶吼着。它用爪子攫住了塔楼，牙齿咬得咯咯响，碎裂的玻璃在我们周围飞溅。

麦克顿抓住我的臂膀：

“我们赶快下去！”

塔楼摇晃、颤动、重新挺直。警报器和怪物的声响交错。我们匆忙跑下楼梯。

“快点！”

我们到了地面，就在这时，塔楼在我们头顶上轰然坍塌。

布拉德伯里

《太阳的金苹果》

惊人一声吼

他们四周高耸的林木广阔无垠，仿佛全世界就只是这一片永恒的丛林。各式声响交织成一种音乐。翼手龙展开灰色的巨翼，天空中像飘满了沉重的帆。这些大蝙蝠想摆脱那使它们发狂而噩梦连连的黑夜。……

他停住脚步。

屈维斯举起了手，小声地说：

“在我们前面，雾里。它在那里，在那里。暴龙陛下。”

广阔的丛林满是呢喃声、飒飒声、嗡嗡声、叹息声。

忽然，一切都沉寂下来，仿佛有人敲响了一扇门。

静谧无声。

一记雷鸣。

100 米远的地方，暴龙陛下从雾里

钻出来，迈步向前。

“老天！”埃凯斯喃喃地说。

“喔！”

巨足支撑的躯体，笨重地蹦跳着，但每步距离很远。这只凶神恶煞的庞然大物，跳了30来步，便越过树林的一半。它细巧的前爪收缩在油光光的胸前，但后腿则像是支柱。它粗大的腿骨一根重达1吨，包裹在强有力的肌肉束中。腿上的皮像一块块石子般突出来，闪闪发光，犹如武士的盔甲。这只动物弯下蛇一样的长颈来看人时，两只前爪可以把人像摆弄玩具般地提起来。它的头活像一块石雕，至少有1吨重，但能够轻松地在空中转动。张大的嘴巴露出一排匕首般的利齿。它转动着如鸵鸟蛋大小的眼睛，露出饥饿的神色。闭上嘴巴时，会发出让人吓破胆的咯咯声。它奔跑起来，身躯压坏了灌木，甚至把树连根拔起。双爪插入松软的土中，留下深深的印痕。它奔跑滑行，就像表演芭蕾舞，以10吨重的躯体来说，真是出人意料

的灵活与迅速。在这个浴满阳光的舞台上，它十分谨慎地前进。漂亮的“双手”在空中搜索着。

“我的天！”埃凯斯咬住嘴唇说，“说不定它站直了可以摘到月亮呢！”

“嘘！”屈维斯气咻咻地说，“它还没有看到我们呢。”

“它是永远杀不死的，”埃凯斯平静地下了判断，仿佛不容任何人反驳，他手里的枪好像是一件孩子的玩具武器，“我们到这儿真是疯了，我们是不可能杀死它的。”……

暴龙站直了，盔甲射出千万道绿色的金属光辉。它的皮肤皱褶中，黏土热气蒸腾，小虫乱钻乱动，看来全身都在晃动起伏，不过它实际上可是纹丝不动地等待着。它的身体发臭，一股腐肉的臭气散发在这片沼泽地。

怪物一发现他们在走动，就立即扑向前去，发出可怕的叫声。不到 4 秒，它已经越过 100 多米。大家马上瞄准开火。怪物嘴里喷出一股强烈的气息，四周立即充满恶臭。它怒吼起来，牙齿在阳光下熠熠闪光。

几支枪重新射击，枪声淹没在雷鸣般的吼声中。暴龙的尾巴是行动时的杠杆，这时开始摆动起来，扫着周围的地面，碎裂的枝叶形成一片雾尘。怪物伸出像人一样的前爪，想把人抓住、扭断，像浆果一样地压扁，塞进嘴里，好平息它喉中的呻吟。它球状的眼睛降到和人一样的高度，瞳孔里映着人的影像。大家对准它金属般的眼皮和发光的黑眼珠开火。

暴龙像一座石像般地倾倒。随着一下可怕的响声，它把压倒的树干拔了出

来，并扭断钢架。人们匆匆朝后面退去。10吨重的身躯倾颓在地。大家再次开枪。怪物又一次用沉重的尾巴扫着地面，伸着蛇一般的颚部，然后不再动弹，一道鲜血从它喉咙喷出。大家听到液体在它体内流动的声音。它的呕吐物使猎人看了胆战心惊。他们一动不动，身上映着鲜血的闪光。

电鸣停止，丛林无声。在雪崩似的声响以后，是一片植物世界的宁静平和。噩梦结束。……

怪物躺在地上，像一座厚实的小山，体内发出叹息声和唧唧声。它的器官停止作用，液体囊袋终于流空了，一切终归于永远的沉寂。就像火车头淹入水中，停止前进；又像一艘熄了火的船，不再动弹。只听到骨头咔嚓作响，这只庞然大物的重量，压断了自己身躯下那双纤细的前爪。它的身体完全停止了颤动。

又听到一下可怕的折断声。一条粗大的树枝从大树的高处断裂落下，压在死去动物的颈上。……

猎人们对倒地的怪物再瞥一眼。这堆生气全失的东西，像是冒着热气的盔甲。一些古怪的飞行爬形类动物和金色的昆虫，已经朝向它扑去。

布拉德伯里

《太阳的金苹果》

黎巴嫩的鱼化石

早在13世纪时，就有一些大学成立，例如巴黎的索邦学院。当时科学与神学密不可分，而且往往和巫术结合在一起。这种现象重新激起人们对科学的兴趣和好奇心，化石研究因此从中获益匪浅。随着十字军东征到地中海沿岸，西方人得以认识以前没有接触过的地域。

黎巴嫩的化石地层赫赫有名。这儿发现了很多保存良好的鱼化石，所以几个世纪以来，一直吸引着化石采集者的注意。最早的记载可追溯到1270年，无论在法国历史、文学上，都十分有名。作者是香槟省的司法总管儒安维尔（Jean，sire de Joinville），法国国王路易九世（圣路易）在1248年至1254年率十字军东征时，他曾随行。儒安维尔在《圣言懿行录》一书中，描述了圣路易一生的功绩和日常活动，为这一位性格复杂而不循常规的人物提供了最重要的第一手资料。1547年，这本书修改得更符合当时人的口味，也换了书名——《圣路易史》，至今仍是一本重要的历史著作。

圣路易在赛耶特（Sayette）住过，那儿就是今日黎巴嫩的赛达（Saïde）。圣路易在赛耶特时，有人让他看当地最著名的古物——化石鱼。下面是儒安维尔的叙述：

“国王在赛耶特时，有人拿来一块石头给他。这块石头从中间一分为二，可说是世上最神奇的石头了——揭开半块石头以后，可以在两面石头中看到一条鱼。鱼变成了石头，但它的形状、眼睛、骨头、颜色，样样都保持原状，好像活的一般。国王拿起一块石头，看到里面有半边鱼，呈现褐色，就像剖开半边鱼那样纤毫毕现。”

这段文字是中古时代关于化石的记载，日期和地点都非常明确，是极为罕

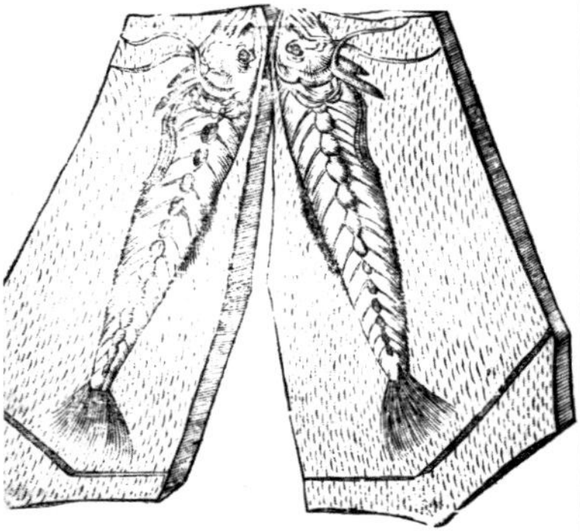

见的文献。

一个世纪以后，一位法国旅行家蒙科尼（Balthasar Monconys）又提到这些化石："上面印着鱼的形状，有头，有鳍，还有颜色。" 1660 年，一位法国人德·阿尔维厄（Laurent d'Arvieax）也在回忆录中谈到化石。

1708 年，博物学家舍希策尔在《关于鱼的争论》中，画出了美丽的化石鱼，并哀叹鱼是大洪水的牺牲品！我们可以看出这些化石鱼是来自哈凯尔（Hakel）地层的标本。6 年后，勒布伦（Corneille Lebrun）在他的《地中海东岸国家之行》中，画出萨赫尔阿尔马（Sahel Alma）有丰富化石的地层标本，并在《显现鱼的形状的石头》这一章中，谈到在的黎波里出土的化石。从 13 世纪到 18 世纪，人们对化石的见解几乎没有多大进展！

直到 19 世纪，德·布朗维尔（Ducrotay de Blainville）才做了科学性的描述，并且给这些鱼取了名字。此后，科学研究才多了起来。1838 年，阿加西兹（L. Agassiz）出版了一本以插图精美而闻名的著作，书中描述了好几种鱼化石。

萨赫尔阿尔马的地层距今 8000 万年，哈凯尔和哈居拉（Hadjula）的地层则距今 1 亿年。在这些地层中除了鱼以外，还可以找到甲壳类动物、海胆、蠕虫、昆虫等。由于保存完好，可以让人对这些生物有深入的认识。对鱼类的研究，可以使人更了解某些现存生物的起源，并可据以推测这些鱼类存活的年代，以及当时的海域状况如何。

盖拉尔 - 瓦利

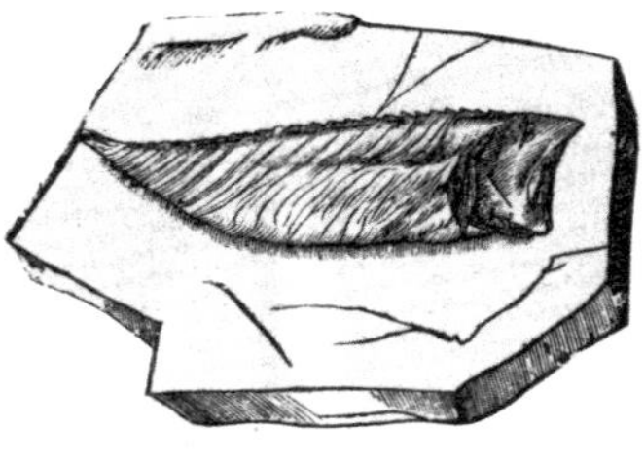

达·芬奇的直觉与观察

达·芬奇兴趣广泛，喜欢钻研各种问题，以及探讨天文地理的现象，自然不会不对化石详加研究。他依据对地层的缜密观察，以严肃的科学态度，断然驳斥了当时的所有见解。他在笔记里记录了想法与观察。但是一直到19世纪，后人才把达·芬奇的笔记手稿整理出来，他的直觉与观察才得以呈现在世人面前。

所有的海底黏土都藏有贝壳，变成化石的贝壳跟黏土结成一体。有些人因为贝壳化石坚硬，又和黏土合成一体，便断言这些动物是大洪水从远方带来的。

另外一些无知的人则说，是大自然神奇的作用，把这些化石就地创造出来的。说这些话的人好像不知道，在这些地方找得到历经长期成长过程的鱼类骨头，而且我们可以根据帘蛤和蜗牛这一类动物的壳，去估计它们的年龄。

有人认为这些贝壳化石是老天创造出来的，而且是基于当地的自然特性和上天所造成的影响，持续不断地在当地创造的。这种见解在稍有理智的头脑中，是不能有一席之地的。我们看到这些贝壳上面的线条，显示它的年龄，而且可以发现大小不同的贝壳。没有食物，贝壳是无法长大的，而且如果固定不动，贝壳就无法觅食充饥——但在这里，它们无法移动。……

至于有些人说，贝壳早就存在了，而且是由于当地自然和循环的作用，在远离海洋处形成的，他们认为，大自然和循环能够使某些地方产生这类生物——对于持这种想法的人，应该这样回答：即便是大自然，也无法使所有动物都在同一高度的地方生存，更不用说是不同种类和不同年龄的生物同在一处了。……

也不会在敞开的完整贝壳里，发现填满的海砂和大小不一的贝壳碎片。不会只有蟹螯而没有身体的其余部分，甲类贝壳不会混到乙类贝壳中，好像可以移动的动物一样，而且它们在石头外部留下印痕，仿佛树虫在它们所蚕食的树木中留下印迹。也不该在这些生物中，找到鱼类的骨头和牙齿——有人称此为“箭”，还有些人称为“蛇舌”。

同理，如果不是被冲到海岸上，就不会同时发现那么多不同动物的残骸，居然集中在一起。

关于高山上发现的贝壳和树叶

如果说是因为星体运动，所以大自然在高山上形成贝壳的话，那么，为什么不同种类、不同年龄的贝壳，会在同一个地方出现呢？又该怎样解释无数不同种类的树叶，在高山的岩石上变成化石，而且有海藻混杂于贝壳和沙子之中呢？同样地，我们可以看到各种各样的生物化石，跟海蟹的碎块堆在一起，和各种贝壳掺杂混合。

摘自达·芬奇手稿
大英博物馆收藏

对大自然的热爱

在达·芬奇之后的100年，贝利西成为古生物学研究的先驱。他从细密的观察中，得出跟达·芬奇一样的结论，而他并不知道有达·芬奇的手稿。18世纪时，贝利西仍然默默无闻。布丰和居维叶是最先向贝利西表示敬意的学者。直到1880年，贝利西的著作才正式出版，并由法国小说家法朗士（Anatole France）写序和注释。

泥沙和贝壳，是由于同样的作用和成因，改变了性质。我已对听众证明了这一点。我给他们看一块大石头，是我从滨海城市苏比兹（Soubize）附近一块岩石上凿下来的。这块岩石从前被海水覆盖，在它成为石头之前，有好几种生活在海里的有壳鱼类死在泥沙中。等这个地区的海水退走以后，泥沙和鱼就都

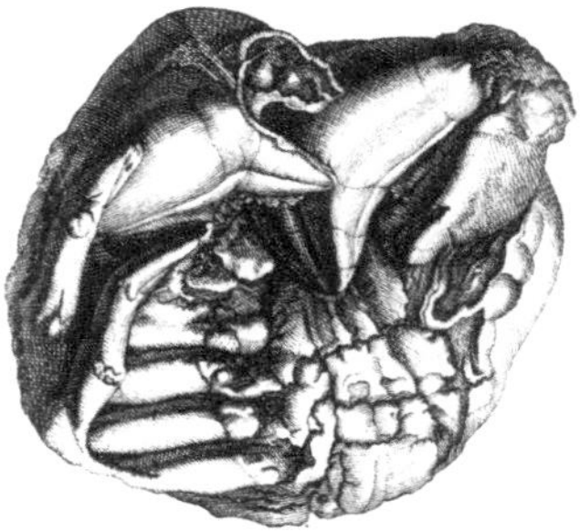

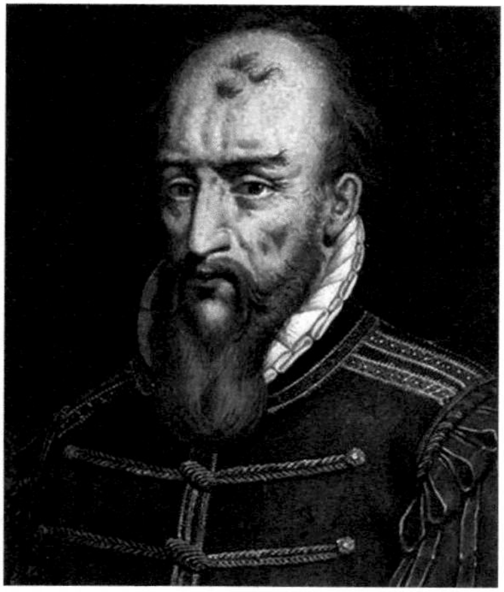

变成了化石。有一点可以肯定：海水曾从这里退走。……

至于在险峻巍峨的高山上，也找到了满是贝壳的石头。你一定不要这样想：这些贝壳所形成的化石，乃是像有人说的那样，是大自然为了好玩而创造出的东西。仔细观察过这些岩石的形状以后，我发现，如果这些动物本来的形状不是如此，这些岩石是绝不可能形成贝壳，也不会变成别的生物形态的。……

我画了好几幅贝壳化石的图画，这些贝壳化石是在法国东北阿登山脉发现

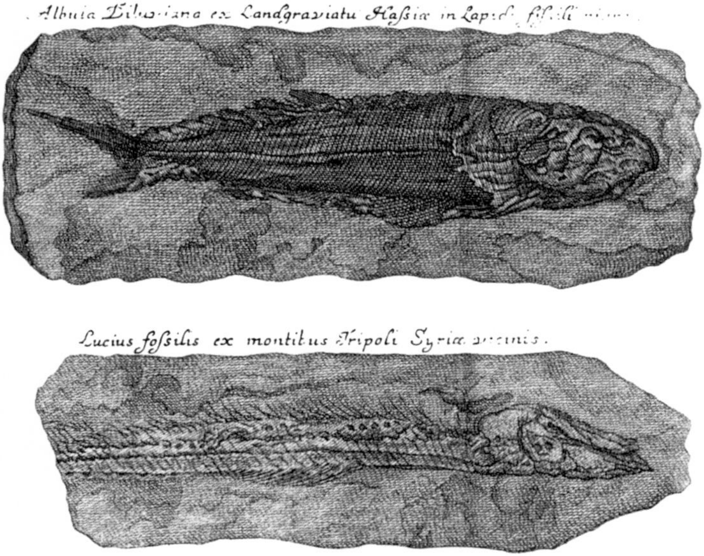

的，数量上千，而且不仅有贝壳，还有鱼类，连壳一起变成化石的鱼类。为了使人更清楚地理解，这些贝壳绝不是在大洪水时代海水所带来的。……

因此，我的结论是这样的：这些贝壳在变成化石之前，就生活在这些高山中的水里，后来，水和鱼同时变成化石。这点是不容怀疑的。在阿登山脉所发现的数以千计的贻贝化石，十分类似如今生活在马斯河的贻贝，而马斯河就从阿登山脉旁边流过。……我尽可能寻找更多的化石，而目前我所找到的鱼类和贝壳的化石，种类比今日生活在海洋里的生物还要多。

贝利西
1580 年

大自然的各个时期

1773年8月5日，布丰在第戎科学院做了一次演讲，内容是关于大自然的各个时期。演讲全文在5年之后付梓问世，巴黎大学的神学家们为此大发雷霆。1779年10月1日，当时已经72岁的布丰，不得不离开巴黎，以避免更严重的后果。

布丰将一生大半的精力，投注于写作36巨册的《自然史》。下文摘自其中的一册：《大自然的各个时期》。

关于地球的年龄

比较了几个行星的热度和地球的热度之后，我们可以看到，地球的白热时期有2936年，而接下来有34270年之久，地球仍热得不能够触摸。

这两段时期一共是37206年，自此之后，生物才可能开始在地球上生存。

第一个时期
“地球和行星形成”

关于生命的年龄

自从第一批贝壳类和第一批植物出现以来，估计经历了2万年。对于大自然结构所产生的重大变动来说，2万年并不算是太长的时间。……

有很长一段时间，海水覆盖着大陆。我们只要观察地球各处深谷之中，以及高山之上所存在的大量海洋生物，就可以证实这一论点。

在这段漫长的时期之后，我们还应该再加上一段时间。在这段时间内，海洋生物被压碎，化为粉末，被海水冲走，然后又形成大理石、石灰岩和白垩。

然而这漫长的世纪更替，这2万年之久的时间，较之于自远古以来，自然界中相继发生的变动所带来的后果，我

重新想象地球上生命刚出现时的景致，
一般人总认为这时期充满了激烈的变动和灾难

觉得仍然是相当短促的。

第三个时期
“海水覆盖了各个大陆”

生命出现之前的地球

试想地球当日的面貌。……在距今4.5万年至6万年之前。

所有低洼部分，都形成很深的沼泽、湍急的河流和漩涡。由于岩洞下陷和火山频频爆发，地震几乎接连不断，有时发生在海洋，有时发生在陆地。暴风雨肆虐的范围有大有小。陆地和大海的强烈震动，引起尘暴和狂风，洪流泛滥。各项天灾又引发大洪水。熔化的石英、沥青和硫黄四处溢流，蹂躏山岭，涌入平原，毒化水源。太阳经常暗淡无光，不是为乌云所遮蔽，就是被火山爆发带来的浓密火山灰和熔岩所笼罩。

我们要感谢造物主，没有让人类目睹这些可怕的场面，而让人类诞生在这些场面之后。也要感谢造物主，把人类诞生之后所处的大自然，创造成明理的、有同情心的大自然。

第四个时期
“海水退走，火山爆发”

布丰
《大自然的各个时期》

马斯特里赫特巨兽

挖掘出来的巨兽，有颗很大的脑袋，上下颚长着弯曲而锐利的牙齿。埋在地下6600万年后，它一出土即扬名天下，引人觊觎，许多人激烈争夺，想要据为己有。这具壮观的化石骨架，目前放置于巴黎国立自然史博物馆，就在古生物陈列厅。

这头巨兽是肉食的海洋爬形类动物，在白垩纪时期是海中之主。它自中生代末期就埋在泥沙之中，直到18世纪中叶才在荷兰马斯特里赫特附近被人发现。由于古代的海底地层上升，露出海面，形成了现在荷兰的陆地。

错综复杂的地下长廊之网

18世纪中叶，马斯特里赫特是一座位于河流右岸的繁荣城市。彼得斯堡（Pietersberg，即圣皮埃尔山）是这座城市附近的大山岗。在山岗顶部，有一座碉堡居高临下，捍卫着城市和四郊。山岗的主体由灰绿色石灰岩组成，夹杂着黄赭色。这类岩石容易切割，但十分牢固，可以凿成方形石块。整个山岗和附近一部分地区，长期以来已经开发为地下采石场，并挖掘成错综复杂的通道网。

在圣皮埃尔山的一面坡上，有个很大的天然洞穴，从洞口往下看，是马斯河的一条美丽的小支流——雅尔河（Jaar）的河谷。有许多采石的通道，都是从这个洞穴延伸出去的。

1770年里某一天，在其中一个通道里开采石块的工人，“在离大洞穴约500步的地方”，突然看到一些骸骨嵌在石壁当中。他们并不特别感到惊讶，在采石场挖出奇形怪状的遗骸，这又不是头一回。

但这次发现的骸骨很特殊，它的大

这头巨兽的化石被运到巴黎国立自然史博物馆后，地质学家福雅依据化石推理它的原来面貌应是这个样子

小和特性不同于往常：在可怕的上下颚部，长有巨大而尖利的牙齿。

霍夫曼博士的喜与忧

工人们停止工作，跑去通知霍夫曼博士。这位杰出的学者，热衷于收集圣皮埃尔山的各类化石，因此每当工人发现化石的时候，就会去通知他。这块化石，是当地曾挖出的化石中最大的。

霍夫曼匆匆赶来。为了让头骨保持完整，他们必须小心翼翼。由于石壁易于碎裂，他们只得凿下一大块岩石。霍夫曼工作了好几天，亲自清理这块石头，然后叫人将它搬出采石场，运到自己家里。

这项发现在马斯特里赫特喧腾一时，城里和郊区的上流社会人士，都想看看这头不知名怪物的脑袋。大家不知道如何给这只动物命名，因此，就干脆称它为“马斯特里赫特巨兽”。霍夫曼博士的家，进出的人川流不息，各方学者和博物学家都来参观。这只古怪的爬行动物，由于地球的灾变而消失，现在成为大家讨论的话题。

巨兽闻名遐迩，名声也传到当地大教堂人士的耳朵里。有位议事司铎戈丹，

正是采石场土地的所有者。霍夫曼博士和他的化石出了名之后，不少的烦恼也接踵而至，主要是由于这块壮观的化石，因知名度日渐提高而身价不凡。

议事司铎仗着封建制度下的法律，认为自己有权取得别人在他的领地内所发现的东西。霍夫曼勇敢地捍卫他的化石，而戈丹却立即提出诉讼，并得到教会撑腰。

由于教会的权势占了上风，可怜的霍夫曼失去了他的巨兽，而且还得支付全部诉讼费。他极度灰心丧气，逐渐失去对自然科学的兴趣，甚至把他的收藏也转让出去。于是马斯特里赫特圣皮埃尔山最美的一批化石，就这样流散四方，成为德国和荷兰各古物陈列室的展览品。

至于议事司铎戈丹，他心满意足，很高兴能成为这块独一无二化石的主人。他把化石当成圣人骸骨似的，小心翼翼安置于巨大的玻璃遗骨盒中，而且藏在他位于圣皮埃尔山脚下的小别墅里。好奇的人可以前去参观。

不过，这块化石的奇遇并没有结束，好戏还在后头呢！

法国大革命与古生物学

1794 年夏天，法国大革命的军队开进荷兰，赶走了奥地利人。战斗非常激烈，1795 年初，法军包围了马斯特里赫特。城里人抵抗了几天，彼得斯堡垒遭炮轰毁坏，议事司铎的家就在堡垒附

近。法国军队中随队的科学专员，把这块化石的事告诉了将军。将军立即命令炮兵停止轰击戈丹家一带的地区。戈丹没有料到共和军会对他家特别关注，只得教人连夜把化石偷偷运走，藏到城里。

一切顺利，一直到守军抵挡不住，不得不向法军投降为止。那些科学专员赶到戈丹家里，但发现怪兽的头骨失踪了，而且没有留下任何痕迹。他们义愤填膺，找来了人民代表弗雷西纳（Freicine）。将军很重视这件事，把所有士兵都召集起来，并由弗雷西纳提出悬赏。他答应给发现巨兽藏身处的人600瓶好酒，条件是要把化石完整无损地运回来。

这样非比寻常的悬赏，马上产生了效果。第二天，12位掷弹兵就把头骨搬到了弗雷西纳的住所。至于戈丹，他在战胜者的面前只能一言不发。为了补偿他被迫割爱的损失，法军豁免了他的战争税，而其他议事司铎则不能享受这项优待。

法军决定将这块珍贵的化石运回巴黎。它在那里会受到法国学者的重视，而且还他最早的主人一个公道。戈丹朝他的宝物投了最后一瞥。这也算是罪有应得，因为他以前曾毫不留情地从可怜的霍夫曼手中，抢走了这件宝物。

霍夫曼大概不会料到，他的化石会获此殊荣。此时他已经过世，他的家人也已离开了马斯特里赫特。

一种特殊的蜥蜴类爬形动物

巨兽终于结束了它的重重磨难。这块石头如此巨大而沉重，因此各个边角都要削掉一些，才能装进一只结实的木箱；装进箱里之后，用铁螺丝拴紧，由专人护送到巴黎。

这具化石的属性如何，历来引起许多争论。它的上颚骨断裂，下颚骨脱节移位，显示它应该是在海里死去后，被冲离了原地，说不定分成了好几处。这只动物还有几段脊椎骨和其他几块骨头也出土了。

著名的荷兰解剖学家康佩尔(Camper)指出，这是一头鲸鱼，而其类别尚不为人知。在巴黎，这个见解受到批驳，大家公认这是一只新种的鳄鱼，但是对于其他进一步的细节，则各方意见不同，莫衷一是。此外，这块化石发现以后的4年，又挖掘出第二具颚骨，并送往伦敦的大英博物馆。

最后，居维叶做了研究。他在《化石骸骨的研究》的第一版中，发表了对这只动物详细的观察，将这部分的章节命名为“马斯特里赫特的动物化石”。在他看来，这头怪物既不是一般的鱼类，也不是鲸鱼或鳄鱼，而是一种特殊的蜥蜴类爬形动物。

居维叶运用他所发明的器官相关律，即身体各部分形态相关的原则，做了如下的推论：这只动物大约长8米，尾巴长约3米，身体粗如树干，能够在水里活动。这是一头海洋动物，一种今日已经灭绝而不为人知的爬形类动物。居维叶将它命名为“*Mosasaurus*”（意思是马斯河的爬形动物）。居维叶认为，它并没有经历《圣经》中所说的大洪水，但是见证了一场“把一切都混乱地埋起来”的地球灾变。

时至今日，许多马斯河蜥蜴的遗骸陆续出土。这种巨大的海洋爬形类动物，长达8米以上，生存在白垩纪早期，当时它们取代了势力逐渐衰退的蛇颈龙和鱼龙。

关于第一块马斯河蜥蜴化石的遭遇，在1799年出版的《马斯特里赫特圣皮埃尔山博物史》一书中有详尽的叙述。这本书的作者是福雅。

马斯特里赫特巨兽在历经劫难之后，安然地栖身于巴黎国立自然史博物馆的古生物陈列厅。游客在参观之余，也可同时凭吊霍夫曼的际遇。在巨兽出土后那段坎坷岁月中，也许只有霍夫曼对它投以无私而真诚的目光。那种目光中所洋溢的赞叹之情，超过了学者的好奇和专家的关注。

盖拉尔-瓦利

《世界与矿物》

居维叶的“灾变论”

居维叶认为，地球曾经历过灾变，并不是一个假设，而是千真万确的事实。他相信，经过严密观察后，可以证明这一点。“在生物发展的环节上，有某些干扰是难以避免的。”他自认已经找到一个“可靠的、经过验证的原则”。有人坚决支持他的观点，但也有人极力贬斥，而最后获胜的一方是反对他的人。

在肥沃的平原上，河水平静地流过，灌溉了茂盛的植物。这片土地上，人口众多，村庄欣欣向荣，城市繁华富裕，壮观的纪念建筑比比皆是。除了战火的蹂躏和强权的压迫外，这里没有其他任何灾害。

当旅行者经过这片平原时，实在难以相信，大自然也发生过多次内部的战争，地球表面曾经历过天翻地覆的变动和灾难。然而一旦挖掘了这片看似平静的土地，或者登上平原边缘的山岗，想法就会改变。……

只要从山脚下往上爬，各种变动的痕迹便变得更清楚了。……

大海在形成一层层的地层之前，已经形成过其他地层，不知出于什么原因，这些地层断裂了，又形成，但地层内部结构变得乱七八糟，和未断裂以前不一样。所以，在今日的海洋出现之前，它的内部至少有过一次变动。……

当水的性质发生重大变化时，由水所滋养的动物也难以维持原状。这些动物无法再生存于海洋中，它们的类别与属性也随地层一起发生了变化。……

（海水的）侵袭和退走，不一定都是缓慢而渐进的，相反地，引发海水剧烈变动的灾变，大多数是突发的。……

地球上的生命常常受到灾变的侵扰。灾变初期，可能整个地表深处都为之撼动，但是灾变影响所及的地层深度，会变得越来越浅，而范围则日渐缩小。无数的生物成为灾变的牺牲品：陆上生物遭吞没，而水中生物则由于海水突然消退而被困于陆地，它们的种族自此灭

绝，只遗留下一些残骸，待博物学家日后细细辨认出来。……

因此，我赞同德吕克（Deluc）和多洛尼厄（Dolonnieu）两位的看法：地质学上有件事可以确定，那就是地球表面曾经有过巨大而突然的变动，它发生的日期，不会超过五六千年前。这种变动，掩埋了人类和各种动物原有的居住地，也使深海底部化为陆地，成为今日人类和动物栖息的地方。

在这种变动中，幸免于难的少数生物，在新形成的陆地上繁衍。正是从这个时期起，人类的社会开始发展进步，设立各种机构，建造纪念性的建筑，收集自然界的资源，形成各种科学体系。……

居维叶对物种改变的根本原因，仍持保留态度。

我主张，在岩石地层中蕴含好几种动物的骨骼，而在土质地层中也有好几类灭绝动物的骨骼。我这说法并不是说，后来又有一次新的创世记，产生了现有的天地万物。我只是说，这些生物不再生存在原来的地方了，而它们一定会在别的地方再出现。

居维叶
“开场白”
《化石骸骨的研究》

波希米亚的古生物层

19 世纪中叶，有位法国工程师巴朗德（Joachim Barrande）来到波希米亚，发现了美丽而价值不凡的化石。此后的半个世纪，他孜孜研究这些化石，并写成一部古生物学巨著。

对地质学家和古生物学家来说，波希米亚的地层具有非比寻常的吸引力：这些古生代初期形成的地层藏有珍贵的化石，不但世所罕见，而且就其保存的量和质来说，都堪称难得。因此，波希米亚的地层，变成 19 世纪地层学和古生物学研究的重要目标和基地。而这些深入的研究，都得力于一位法国学者巴朗德。他贡献了自己一生的精力，完成了一部永垂不朽的科学著作。

1799 年，巴朗德出生于法国上卢瓦尔省的一个村庄里。他家境富裕，能供他前往巴黎求学。他以第一名毕业于综合工艺学校，之后在 1824 年毕业于桥梁公路学校，取得土木工程学位。他热爱自然科学，听过居维叶、布隆尼亚和德·奥尔比尼的课。他起先在德西兹（Decize）担任工程师，后来经人引荐给查理十世。由于他的数学和科学知识渊博，国王就聘请他为孙子的家庭教师。

1830 年，巴朗德跟随波旁王室流亡国外。他们先到苏格兰。在那里，他遇到了英国地质学家麦奇生（Roderick I. Murchison）。后来又到了波希米亚，受到奥地利皇帝的接待。1832 年，王室人员在布拉格安顿下来，巴朗德也在此生活，51 年后去世。皇家教师的身份使他能够与捷克的科学家来往，包括波希米亚博物馆的创建人。

巴朗德参观了这个地区的化石收藏品，自己也开始钻研在布拉格郊区发现的化石。王室于 1833 年离开波希米亚，但是巴朗德却留了下来，他重新担任土木工程师，在波希米亚的铁路局工作。在建造一条铁路的时候，他发现铁路所穿过的古生代地层中藏有化石，其中有灭绝了2.5亿年的三叶虫和节肢动物。自此巴朗德的真正志趣终于确立了。

从1840年起，他跑遍了整个波希米亚，研究地层结构，建立了地层更替的详细顺序图，而且收集了一组非常出色的化石，从事极其精密的研究。1846年，他在莱比锡发表了第一部著作，讨论化石和波希米亚古生代地层。1847年夏天，古生物学家麦奇生和韦尔讷（Verneuil）陪着他一起勘察。

他经常住在巴黎，在那里有自己的房子。他也考察过法国、西班牙、英国、德国和斯堪的纳维亚半岛的重要古生代地层，而且和各地学者在科学研究上保持友好的关系。

1852年，他发表了第一卷的《波希米亚中心地带志留纪》。这部著作共有24卷，插图精美，于1852年至1894年（最后几卷是遗著）在布拉格陆续出版。巴朗德在这部著作中描述了4500种化石！书中所有的资料，至今仍在地质学和古生物学上极具参考价值，并广为各国学者所引用。此外，他也发表了许多地质学和古生物学的文章。巴朗德出版著作的经费，来自各方的捐助。他对古生物学丰富的研究成果和热诚的投入，赢得了各方的赞赏和支持。

这位举世公认的一流学者，一生都是坚定的保皇派。他严以律己，一丝不苟，决不接受查理十世之后的政府所授予的荣誉。与他同时代的达尔文，从1859年开始传播进化论思想，可是巴朗德从来不附和达尔文。巴朗德持“上帝创造论”，忠于居维叶的“灾变论”。但说来有趣，由于他的著作中包含大量精确的资料，说明了波希米亚在古生代晚期物种变化的情形，这些资料竟对物种变化说有重大贡献。

1881年，巴朗德感到自己已到风烛残年，遂把珍贵的收藏捐给布拉格博物馆。这个举动，表明了他对后半生所寄居国家的感情。这些收藏品如今还陈列在那里，而且一直是受研究的对象。巴朗德于1883年10月与世长辞。捷克地质学界为了向这位伟大的学者致敬，特别将他曾描述过的晚期古生代地层命名为“巴朗德盆地”，而布拉格的一个区也以他的名字为名，叫作巴朗多夫（Barrandov）。

盖拉尔－瓦利

戈德里在派克米

100 多年前，一位年轻的法国科学家戈德里，同时发现了希腊这国度和古生物学。他感受到有如雷霆般的震撼，以后生活目标自此确立：既要探险，也要探索古生物。希腊的皮凯米地层，也因他而举世闻名。

派克米地层位于阿提卡半岛（Attique），在雅典东北约 4 小时路程的地方，距优卑（Eubée）海有 2 小时的路程。可以走新辟的马拉松大道。……

离开大路后，往左朝潘泰利克（Pentélique）峰走。一刻钟之后，便来到一条自山上流下的急流前面。有些人称它为德拉菲（Draphi）急流。……环绕这条急流的是一派蛮荒景象，但是，就像整个阿提卡半岛一样，远处天际现出一幅如画的美景。……蕴藏大理石的纯白山脉，草木不生，不给旅行者一丝阴凉，但由阳光汲取了灿烂的色彩，展现出无可比拟的美。……河畔长着欧洲夹竹桃、杨梅和好几种大树。万丈悬崖边缘，露出变硬的红色河泥和浑圆的红色石头。化石骸骨便集中在这些河泥之中。……

1855 年至 1856 年，我在冬季进行挖掘工作，但受到急流的阻碍。因此，1860 年，我决定在一年中最炎热的几个月里挖掘，这时河流水量非常少，很容易引到别处。就这样，我找到了最好的化石。不过，溽暑下的挖掘工作十分艰辛，大部分的工人都患了疟疾。

我把营地设在派克米的一种木板屋（métochi）里。为了取得食物——即使只是面包，都必须派人到雅典去。我带了几张行军床。一座营帐和一间木板屋，就是我的栖身之处。承希腊陆军大臣的盛情，派来一些宪兵作为卫兵。他们优秀的表现，在此无法一一赘述。我第一次挖掘时，正值希腊土匪横行。……我们必须随时保持警觉。不过只要开几枪，即使根本没打中，也起到吓阻作用了。到了 1860 年，希腊境内已经完全恢复平静。

我们扎营的日子称得上极其艰辛：酷热逼人，虫豸肆虐。我们日出而作，往往连一点午间小睡的时间也没有。周围尽是些穷苦的工人，他们来干活，竟染上了疟疾。这一切都为我在派克米的日子带来困扰。

然而，回到美好的祖国之后，每当我回忆起希腊阳光照耀下的帐篷，还有那万里无云的蔚蓝天空、挺秀的大理石山峰和在远方闪烁的马拉松海洋，昔日种种艰苦似乎全抛在脑后。我甚至会惋惜，不能够再回到潘泰利克山麓下！

在那儿，在长久辛苦工作后，我们会有快乐的时刻，找到了一块前所未见的化石，常常重新燃起我们的勇气。有重要发现的日子，一到傍晚，我们会举行小小的庆祝会。有人带来一皮袋酒和希梅特（Hymette）的蜂蜜；有时候，我们甚至折下老松树的枝条，烤熟一整头绵羊，一如荷马时代的方式。当酒酣耳热，兴致正浓时，工人、牧羊人和宪兵便唱起古老的阿尔巴尼亚民歌。有的人翩然起舞，有的人则击掌打节拍。倘若这时有位迷途的旅人来到了我们的营帐，想必会以为是一群希腊神话中的牧神正在歌舞作乐呢。

戈德里

《阿提卡半岛的动物化石和地质》

梁龙：博物馆中的贵客

巴黎国立自然史博物馆拥有的第一具完整梁龙骸骨的模型，是美国钢铁大亨卡内基送给法国人的一份大礼。1983 年时，馆方庆祝了这份礼物进馆 75 周年。当年这具模型来到法国曾轰动一时。成千上万的巴黎人拥进这座新落成的漂亮陈列厅，一睹梁龙的真面目。

梁龙及其家族

梁龙是至今挖掘出的完整恐龙中骨架最长的。它身体的长度，从鼻尖到尾端有 27 米，重约 10 吨，是大象体重的两倍。它的颈长 8 米，细小的头大概只有橘子那么大。它的牙齿细长，在上下颚的前部排成耙子状。尾巴长 14 米，末端非常细，有 80 节脊椎，仿佛一条巨鞭。梁龙庞大的躯体由四只柱子一样的脚支撑。后脚有五根脚趾，前三根有爪；前腿稍短，只在拇指上有爪子。

梁龙属于蜥脚类，是草食的四足动物，也是地球生物史上体长最长的动物。

侏罗纪时期，是巨大蜥脚类动物的黄金时代。到了白垩纪，这类动物就没落了，体型也小了很多。

一只怪物的故事

梁龙的遗骸——一只后腿和几块尾椎骨，是 1877 年时，由威利斯顿（S. W. Williston）在美国科罗拉多州的峡谷城（Canyon City）附近发现的。此骨尾巴中段的脊椎体呈“人”字形，马什就根据此特点，把这种巨大爬行动物命名为“*Diplodocus*”（梁龙）。“diplo”意思是重叠，“docos”指梁木。几年以后，威利斯顿和费尔区（M. P. Felch）在同一地层中，又发掘出和寰椎相连的一个头盖骨，可能属于同一只动物。

1899 年和 1900 年又发现了两具骨架的许多残片。这是在卡内基的资助下，在怀俄明的羊溪（Sheep Creek）采石场发掘出来的。之后，匹兹堡的卡内基博物馆将这三具遗骸重新组装，成为一副完整的梁龙骨架。这副骨架如今还安置在博物馆的一间大厅里。它长度惊人的尾巴，自基座上伸展达 11 米。

摄于博物馆古生物陈列厅揭幕之前。三位坐于前排的人，中间是卡内基博物馆馆长霍兰德教授，左边是博物馆的古生物学教授布尔

卡内基博物馆的哈契（Hatcher）教授，在1900年对梁龙做了完整的描述。他将这种巨大的动物命名为"*Diplodocus Carnegiei*"（卡内基梁龙），以向卡内基致敬。看到这具如此壮观的骨架用了自己的名字，卡内基十分自豪。因此，他请人制作了一具梁龙的石膏模型，赠送给他的祖国英国。当时的英王爱德华七世，亲自在大英博物馆举行这具模型的揭幕仪式。

在英国之后，柏林、法兰克福、博洛尼亚、维也纳、拉普拉塔和墨西哥等地的自然史博物馆，同样也都收到了一具恐龙骨架模型。这些巨大的骨架在各个博物馆展出，恐龙因而声名大噪。……由于这具卡内基梁龙的骨架，是由多达310片的骨头组装而成，自然与以往拼凑出的恐龙骨架不可同日而语。

梁龙来到巴黎

法国最著名的古生物学讲座教授戈德里，努力了将近四分之一个世纪，才在巴黎植物园内建立了古生物陈列厅。在他的构想中，这间陈列厅应该很长，观众可以依次看到动物界进化的几个重要阶段：入口处是古生代最古老的无脊椎动物，接着是中生代巨大的爬形类动物，然后是哺乳类动物和新生代的鸟类，最后是第四纪，人类出现了。

陈列厅在1898年开幕。巴黎人马上成群结队前去参观，第一个星期日，参观者有1.1万人！高达3.15米的禽龙，在专门展示中生代巨大爬形类动物的展览区，迎接着参观的人潮。……

1903年，博物馆馆长佩里埃（Edmond Perrier）和新上任的古生物学讲座主持人——美国来的布尔（Marcellin Boule），知道了卡内基博物馆正准备捐给大英博物馆一具梁龙模型时，他们马上向匹兹堡的古生物学家们建议，用几只欧洲第三纪的普通哺乳类动物化石，交换这只美洲怪兽的模型。谈判拖得很长。在1907年，卡内基博物馆的馆长霍兰德教授终于通知佩里埃，卡内基愿意赠送一具梁龙模型给法国，"这是象征美国人民对法国人民真诚友谊的礼物"。

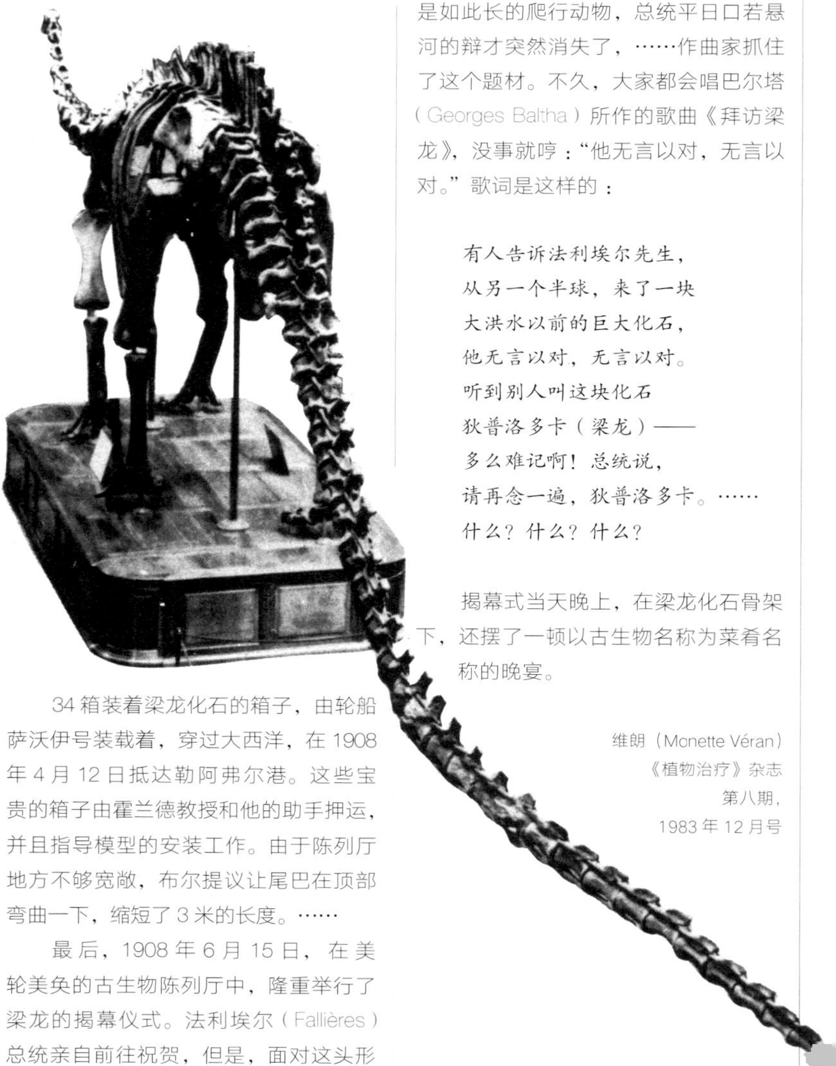

34 箱装着梁龙化石的箱子，由轮船萨沃伊号装载着，穿过大西洋，在 1908 年 4 月 12 日抵达勒阿弗尔港。这些宝贵的箱子由霍兰德教授和他的助手押运，并且指导模型的安装工作。由于陈列厅地方不够宽敞，布尔提议让尾巴在顶部弯曲一下，缩短了 3 米的长度。……

最后，1908 年 6 月 15 日，在美轮美奂的古生物陈列厅中，隆重举行了梁龙的揭幕仪式。法利埃尔（Fallières）总统亲自前往祝贺，但是，面对这头形状如此奇特，名字如此古怪，而身躯又是如此长的爬行动物，总统平日口若悬河的辩才突然消失了，……作曲家抓住了这个题材。不久，大家都会唱巴尔塔（Georges Baltha）所作的歌曲《拜访梁龙》，没事就哼："他无言以对，无言以对。"歌词是这样的：

有人告诉法利埃尔先生，
从另一个半球，来了一块
大洪水以前的巨大化石，
他无言以对，无言以对。
听到别人叫这块化石
狄普洛多卡（梁龙）——
多么难记啊！总统说，
请再念一遍，狄普洛多卡。……
什么？什么？什么？

揭幕式当天晚上，在梁龙化石骨架下，还摆了一顿以古生物名称为菜肴名称的晚宴。

维朗（Monette Véran）
《植物治疗》杂志
第八期，
1983 年 12 月号

物质、时间与化石

有很长一段时间，化石作用（fossilisation）被认定是单纯的“石化”（pétrification）。后来人类才逐渐了解化石形成的原理。这种非常复杂的过程，是生物—物理—化学三种现象的结合，转换了死亡的有机体，同时长久保存了生物的形貌。

什么是化石？

当生物死去，体内的有机物质被矿物质取代以后，这个死去的有机体便成为化石：它完全石化了。

化石的形成，需要一些特殊的条件：

首先，死去的有机体被迅速地埋在沙土、淤泥或河泥中，否则，它就会分解。海底和湖底都是非常有利的环境，因此水生生物的化石，比陆地生物的化石多得多，并且保存得更好。不过草原和沙漠也是非常有利的环境。

第三纪的柳树干化石，距今 3500 万年。年轮和春秋两季的树木凹槽清晰可辨

其次，此生物不曾（或者仅轻微）腐坏，而由矿物质逐渐取代该生物体的有机物质。

最后，化石若要能保存几百万年而不变，必须在石化后，不再经历任何地质变动，既没有地层的褶皱作用，也没有地下的热力作用。因此，化石地层多半在平静的沉积岩盆地，而不是地质变动频繁的山区。

生物剩下了什么？

植物经过特有的腐烂过程之后，变成煤炭。有时候，植物的茎和叶在岩石中只留下矿化的痕迹。有些树干会完全硅化，树脂则变成琥珀。

动物往往只留下支撑性的组织：小生物的甲壳、珊瑚骨、贝壳、节肢动物的壳、棘皮动物的子囊、鱼鳞、脊椎动物的骨骼、蛋壳。

原有的矿物质（碳酸钙或者硅）可能会保存下来，也可能会被各种矿物质——硅、石膏、黄铁矿、白铁矿、赤铁矿、沥青等——所代替。

纤维素有时候可以保存下来，如植

物孢子，或者是埋在白垩燧石中的微小化石。

有些非常纤细的身体部分，也能完整地保存下来，如昆虫的触角、足部和翅膀，羽毛及花的雄蕊。

最细微的结构仍然原封不动，如贝壳的微细结构、树木的纤维结构、花粉粒的装饰、鱼鳞、细小牙齿结节、珊瑚骨的微小结构。

通过电子显微镜的扫描，可将微小化石放大到 8 万倍。

生物的柔软部分，能保存下来的例子非常罕见。有时候，化石本身消失了，只留下印痕。有时化石遭破坏，只残留内部的组织。

脊椎动物的排泄物化石很容易发现，被称为粪化石。粪化石能够提供资料，了解动物（肉食或者草食）的饮食习性。在某些地层中，则可以找到许多足迹和爪印。

化石的一个极端例子，就是在西伯利亚冰雪下，冰冻达几万年的长毛象化石和长毛犀牛化石。这些“有肉有骨”的化石非常脆弱，一暴露在正常的温度下，就开始腐烂。

盖拉尔 - 瓦利

变成石灰磷酸钙的“干尸化”青蛙，属于渐新世（距今 3500 万年）

侏罗纪（距今 1.7 亿年）的鹦鹉螺化石的横切面

侏罗纪的本内苏铁类植物（*Bennettitale*）的花序

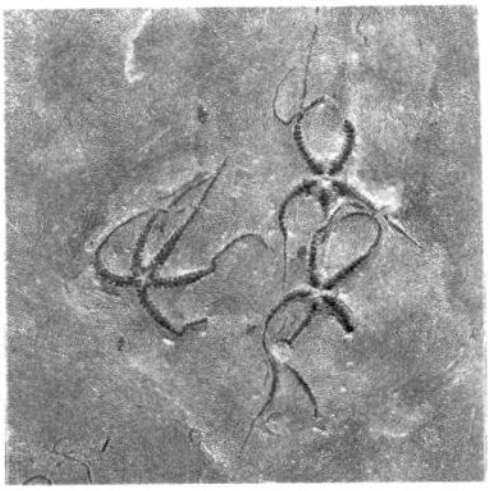

埋在泥盆纪（距今 3.8 亿年）的泥沙中的几枚纤细的真蛇尾

中新世（距今 1500 万年）一个珊瑚礁的珊瑚骨（*Diploastrea*）的精细花萼，在法国朗德地区（Landes）被找到。这个地区当年是一片热带海洋

佚罗纪的海胆（*Pseudocidaris*），粗大的刺也保存了下来，这是极其罕见的情况

三叠纪（距今 2.1 亿年）的某种虾类，保存得非常好，在德国索伦霍芬的石版化了的石灰岩层中变成化石

石炭纪（距今 3.2 亿年）的“种子蕨”

渐新世（距今 3000 万年）的鸟类羽毛，在法国的阿利埃（Allier）被发现

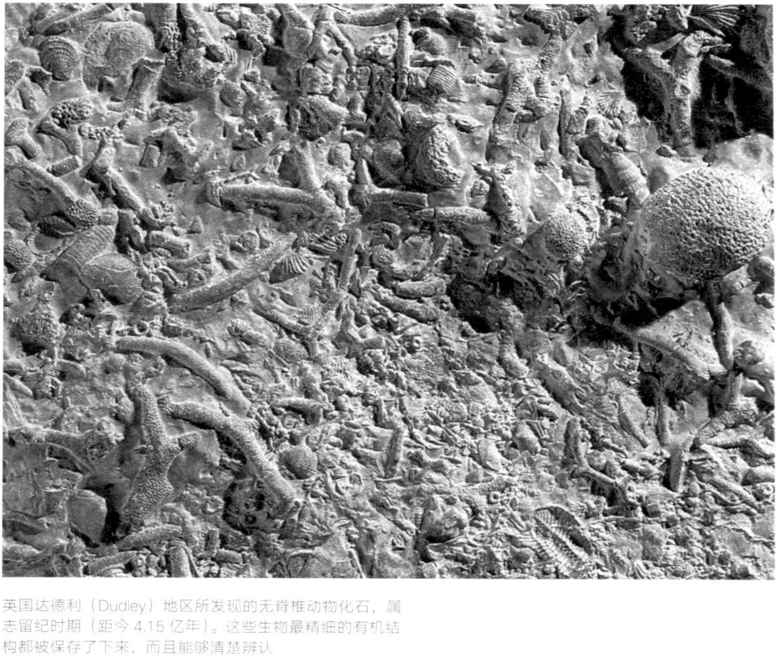

英国达德利（Dudley）地区所发现的无脊椎动物化石，属志留纪时期（距今 4.15 亿年）。这些生物最精细的有机结构都被保存了下来，而且能够清楚辨认

在德国发现的中新世白杨树叶，距今 2000 万年。这片叶子化石保存了所有的叶脉，而且边缘还看得见一部分表皮

古生物学的功用

古生物学的研究范围涵盖地球科学和生命科学的若干领域。一方面，研究古生物学必须运用这两门学科的知识；另一方面，古生物学也为这两门学科提供重要资讯和基本论据。其实，古生物学和所有的自然科学都有非常紧密的关联。

估计地质年代

人类花费了好几个世纪的时间，才掌握了地质年代的真实年龄和各时期的分界。能把地球的各个地质年代排列出来,化石扮演了关键性的角色。1832 年，莱伊尔发现沉积岩地层的年代和藏于其中的化石之间有某种关联存在。有些物种只能在特定的地层中被找到，人们称这种化石为“标准化石”。以这些化石为基准，可以定出沉积地层的相对年代：含有同样化石的地层，属于相同的年代。此外，借着不同化石的出现顺序，可以建立地层沉积的相对年代。

通过上述原则，可以建立一个国际通用的地层地理的时间尺度，这个尺度的基准，主要是地层中所发现的某些标准化石。这个相对尺度在 19 世纪就已经排列出来，可以适用于地球上的任何地区。

以千年或者百万年为单位，来计算地层的绝对年代，必须运用放射性同位素分析法。这种方法用来测量土壤的化学成分中所包含的天然放射性，而这些化学成分也正是矿物和化石的成分。通过放射性同位素分析法估计出来，古生代开始于 5.41 亿年前，而生命的出现则开始于 38 亿年前！

重现往昔的自然环境

地质学家可以在地层中找到许多线索，借以辨识原来的沉积环境，究竟是海相环境、陆相环境，还是褶皱形态，并推测这种环境如何形成。

仔细观察地层中的化石，我们可以从化石原先生活的环境，对其如何生活，如何死亡，以及如何堆积起来，然后形成化石等，获得宝贵的认识。

在实验室里，化石甚至可以使我们了解某一原始海洋环境中的温度、咸度、深度、化学成分和气候变化等。借由孢子、花粉和其他植物的残留部分，我们可以重建整个史前时代的景观。

证实大陆漂移说

1912 年，魏格纳（Alfred Wegener）提出了“大陆漂移说”。他主要的论点是，依各陆块的形状来看，各块大陆可以像拼图一样拼凑起来。在分离的陆块上，

菊石主要生活在中生代。鹦鹉螺是菊石的近亲，经历了亿万年之久，实际上没有演化，是一种活化石。图中的鹦鹉螺绘于19世纪，可是画颠倒了：它的臂应该在水里推动身躯向前，而壳则盘在上面

发现了相似的植物和脊椎动物的化石，此外还有一些地质观察资料，也支持魏格纳这种看法。根据大陆漂移说，各大洲的陆地位于会漂移的陆块上，观察动物化石和植物化石，能够确定板块变动的日期。在两块分离的大陆上，怎么会有相同的化石呢？因为这两块大陆当时是连接在一起的。怎么会有不同的化石呢？这两块大陆后来分开了。怎么会有海洋动物混杂进来呢？这两块大陆正在分离，形成海峡。有了这些资料，就可以设法重建各地质时期的地理（即古地理学），而一代又一代的动植物，就在一个个不同时期中继续演化。

揭开生命起源的谜

生命在何时出现？又如何出现于地球上？若要解答这个有趣的谜题，古生物学可以提供有力的资料。最古老的生命形态是原始细菌，形状是圆形，在前寒武纪的岩石中被发现。最古老的细菌距今38亿年！35亿年以前，细菌形成矿物质（基质三硝基甲苯），就生存在没有氧气也几乎没有亮光的海洋之中。

将近25亿年之前，细菌和单细胞蓝绿藻生活在地球上，通过光合作用，释放出氧气，这些氧气开始散发到空中。

前寒武纪（距今25亿年）单细胞海藻构成的基质三硝基甲苯石灰岩。在撒哈拉沙漠，基质三硝基甲苯石灰岩地形有几十平方千米

15亿年以前，出现了演化的单细胞生物（有真正的细胞核）。我们可以由显微镜下看出，这些藻类体积较大，形态也较复杂。在6.8亿年前，多细胞的有机体终于出现了，例如蠕虫和水母。这类软体动物，留下许多保存良好的化石。有骨骼的动物，在5.7亿年前才开始出现。此后，地球上的生命繁衍兴盛。

演化的过程

演化是生命的特点。生命的形态会随时间推移而变得日益复杂，但是这种变化的过程非常缓慢。通过化石，我们可以了解演化的所有阶段，尤其是让我们发现了“中间形态”。例如始祖鸟，它是最早的鸟类，但还具有爬形类的特征。在南美洲、南非、亚洲和俄罗斯，曾经生存过一些“哺乳爬形类”，它们的形体奇特，具有哺乳类动物的特点。

还有一项有意思的发现：年代相距遥远、种类不同的生物，却会发展出相似的形态结构。例如鲸鱼本是哺乳类动物，为了适应水中环境，外形就演化成鱼形。此外，没有生物遗传关系的鸟类、爬形类（已成化石者）和哺乳类，都有若干种属演化到能够飞行。

我们也可以发现，在某些物种的演化中，躯体会有惊人的增长，恐龙正是一例。

有些生物的形态，在亿万年间演化得非常缓慢。至今还能见到这些生物几乎毫无改变。例如银杏这种美丽的树，源自石炭纪，在白垩纪幸免于灭绝。与银杏同时期的海洋生物鹦鹉螺也是很好的例子。此外，属于总鳍鱼类的腔棘鱼，是白垩纪残存的鱼类。我们称这些生物为“活化石”。

盖拉尔 - 瓦利

石上的足迹

证明古代生物存在过的证据中，最令人兴奋的无疑是痕迹化石。生命体在活动后留下蛛丝马迹，如实地深印在地上，而后神奇地保存下来。对足迹化石的研究，有个不成文的称呼，叫“古生物编年史”。在许多英、美学者的努力下，这门学科已有长足的发展。

人类很早就注意到岩石里的足迹印痕，特别是恐龙这种巨大脊椎动物的足迹。许多世纪以来，人们一直认为，这些足迹是大洪水之前的巨人所留下的。后来，逐渐发现一些较小的动物所遗留的痕迹，如蝾螈的足迹、动物的尾巴或腹部在爬行时留下的痕迹、洞穴、软体动物的通道、卵、摄食痕迹、各种窟窿、蠕虫留下的条痕、节肢动物纤细的爪痕等等。

印痕怎样才能够保存下来呢？首先，泥土必须柔软。痕迹能留下，反映了该地区以前是沼泽或是多少受过水淹的地区。其次，动物活动过的泥地必须变干变硬，然后有另一层泥土覆盖在上面。最后，沉积物不可遭到任何破坏，

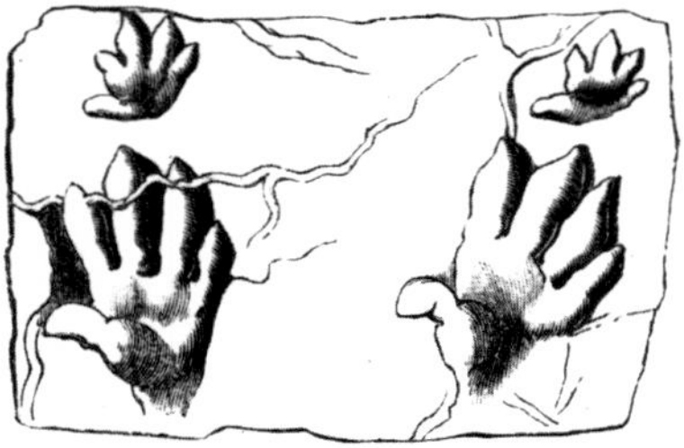

这些足印绘于19世纪，手法逼真。当时的人认为，这些足印是大洪水之前的动物留下的

而且这两层泥土在变成岩石、板岩、泥灰岩或砂岩以后，仍然保持为独立的两部分。如此，在挖掘出来之后，当这两片地层重新分开，就露出了印痕。这些印痕有时是凹下的，有时则是凸起的。一个地层可能留有许多印痕，却找不到什么骸骨化石。

在研究和解释印痕的时候，除了有系统的方法以外，直觉甚至想象力也有发挥的空间。同一只动物，是慢慢行走，是奔跑或跳跃，会留下截然不同的足迹。一只有尾巴的两栖类动物（如蝾螈），可以沿着沼泽边缘行走，在水中游泳或潜入水底。因此在解释这类痕迹化石时，必须与现存的类似的动物做比较。也就是让这些动物在软石膏或软黏土上行走，并详加观察留下的痕迹。

要判定是何种动物在几千万年前，甚至几亿年前留下印记，并不是简单的事（有些痕迹化石可溯至古生代）。有时候，好几种痕迹交叉混杂，显示这地区动物的活动十分频繁。即使留下的痕迹无法协助我们辨识动物的确切身份，但仍有助于研判出这只动物可能归属的族类（比如确定它是某一科的恐龙），同时也可以让我们概略估计这只动物的大小、体重和外形。此外，想要了解当时沉积环境的构造与深度，乃至史前海岸线的位置时，痕迹化石也可提供有用的线索。

科学家对比较确切可靠的遗骸化石，可以从事有系统而精确的观察；脆弱而不易认定的痕迹化石，则可以作为观察时的印证和补充。有了这些化石，我们可以尝试重新建构往日景象，往昔虽已永远消逝了，现在却依稀可辨。

盖拉尔－瓦利

变成煤的森林

奇异而广阔的森林，在地下埋藏了3亿多年，形成了煤层。如今，这些森林中的植物已经灭绝，我们只能通过化石追索它们的原貌。

石炭纪是赫赫有名的地质时期，也是形成化石的重要时期之一。在这个时期，欧洲一带的气候阴湿多雨，广阔的陆地上是一片无边的沼泽森林，林中长着巨大茂盛的植物。

这幅景象里的大型植物，叫作鳞木（*Lépidodendron*），石松的一种。它们粗壮的树根，在淤泥中虬结在一起；直径1米的巨大树干，像柱子一样笔直浑圆，高达40米。树顶的叶子浓密，像一把大伞。这些树的树皮露出叶状的大疤痕，酷似鳞片，鳞木便由此而得名。

另一种石松类的大树，是封印木，高达30米以上，又长又尖的叶子就像一把巨大的羽毛掸子。

这些大树下方，密集生长着芦木。这是一种巨大的木贼类植物，可以长到10多米高。尖细的叶子形成环状，长在树干的节上（就像现在的竹子）。

还有一种较为常见的植物，叫作

在煤层间的黑色板岩上，可以发现石炭纪蕨类植物的印痕

描绘地质变动时期消失的景致时，经常会出现日后化为煤层的森林。在那个神奇的世界，想象力可以任意驰骋

“*Cordaïtales*”，也属于乔木，形状酷似南洋杉，挺秀的树干高达三四十米，树顶长着带状的长叶。

至于蕨类植物，是这些奇异植物中最有名的。这种蕨类高 10 米，简直可以说是树了。它细瘦的茎笔直挺立，没有树枝，呈精细锯齿状的阔叶直接长在树干上。这些树叶在树干周围垂落下来，宛如一个厚厚的罩子。

并不是所有与蕨类相像的，都是真正的蕨类。有一个变种叫种子蕨（*Ptéridospermales*），它们的叶子呈锯齿状，与蕨类极为相像。这些植物高 3 ~ 4 米，像灌木或藤一样，树干直径可以达到 50 厘米。种子蕨今日已经完全绝迹。

这些茂盛的植物，使森林仿佛成了一张纠结的网，密不透风。树干所扎根的吸水土地，常常成为广阔的沼泽。动物麇集其中，无数的蜘蛛、50 厘米长的巨大马陆虫（mille-pattes）和各种各样的昆虫充斥其间。蟑螂这时代就存在了。巨大的蜻蜓（长达 70 厘米）在沉闷的空气中嗡嗡飞舞。

有一种奇特的动物，在沼泽边缘爬行。这是两栖类动物，也是最早离开水能呼吸的脊椎动物，它们首先用四肢在陆地上爬行，也最先能够发出鸣声，……

石炭纪时期，地球上遍布大洪水之前的植物。在 19 世纪人们的想象中，那个时期奇异的植物一望无际，生长在滞塞的沼泽上

它们有一个大而沉重的脑壳。

这些动物遍地都是，在淤泥里留下许多足迹。直到 3 亿年以后，人类才发现这些足迹！

一望无际的森林变成了什么？

森林下面的土地并不稳定：陆地缓慢地下陷，经过数百万年，整个森林都没入淤泥。巨大的树干、树根以及美丽的树叶，都变成了化石。如今可以找到这类植物化石，使人能了解这些树木原来的形态。

森林中的植物往往完全腐烂，在水里发酵，终于形状完全无法辨认。最后，它们经过“碳化”，变成了煤。

盖拉尔 - 瓦利

一本跨越 300 万年的书

奥莫谷（Omo）位于非洲埃塞俄比亚高原西南部。这个地区蕴藏丰富的古生物遗迹，包括植物、动物、人类及其工具。

奥莫谷的沉积岩，夹杂许多火山灰地层，属于更新世（第四纪第一个世）地层，距今有 257 万年。这些露出地面的沉积岩，有 1000 多米厚，延续时间大约有 257 万年之久。

1902 年，一支由法国探险家组成的探险队，在奥莫谷发现了古生物化石的地层。1932 年，巴黎国立自然史博物馆的阿朗布（Camille Arambourg）教授，领导了第一次古生物化石的挖掘任务。1967 年之后，有一支国际探险队在那里工作。

在奥莫谷的沉积岩中，蕴藏了各式各样的古生物遗迹：脊椎动物的骸骨、

奥莫谷原始环境的复原图。在热带的大草原上，有各种草食动物，还有南方古猿

贝壳、树木、花粉等。这儿还有人类化石的遗址及古人类使用的工具（世界上最古老的工具）。运用放射性同位素分析法，可以得出一系列正确的绝对日期。

奥莫谷地层经过最准确的测定，是延续时间最长的地层。奥莫谷由于代表了一段很长的连续时间，所以很有参考价值。

国际挖掘队所需要的装备非常可观。他们必须穿越乌干达的大山和好几条河流，装载着好几吨汽油和食品，以供连续数月的挖掘工作之用。另外，他们还在营帐附近筑了一条飞机跑道。

当地丰富的古生物遗迹，使人可以重新逐步构想出奥莫谷 200 万年以前的环境，可以了解当时的气候条件，有的地方甚至可以认识原有的地貌。

盖拉尔 - 瓦利

在斯匹次卑尔根群岛

1969 年 6 月 25 日，巴黎国立自然史博物馆的勒芒（Lehman）教授，率领了一支由 20 余位法国研究者组成的队伍，由勒阿弗尔出发，两个半月以后返回法国。他们收集了 23 吨珍贵的化石材料。这些科学家使用了先进的技术和装备，包括一艘破冰船和两架直升机。

1968 年，法国国家科学研究中心决定组织一次古生物探索，到挪威的斯匹次卑尔根群岛去收集当地的化石，主要目标是脊椎动物的化石。这个地区树木稀少，有广大的裸露岩石地形，以及成堆的崩塌物，古生物学家可以从崩塌物中找到宝贵的化石。尽管当时已有许多古生物探险队到过这个群岛，但是其中大部分地方，还没有人去寻找过化石。

宝贵的助手：直升机

在斯匹次卑尔根群岛，许多地方没有道路，因此要先考虑如何移动方便；而且因为当地夏季短暂，所以要尽量减少花在搬运上的时间。在斯匹次卑尔根群岛中部，太阳从 4 月 20 日到 8 月 23 日都不落下，可是由于下雪和天气寒冷，只能从 6 月底开始工作；而 9 月之后，天气通常就变得相当差。因此，挖掘工作能利用的时间很短暂，必须做到很容易载运研究人员和野营物资，而且要能同时动员许多挖掘人员。国家科学研究中心考虑到这些必要的条件，于是让我们使用一艘挪威的破冰船——北方海豹号。船上建造了一个平台，可供直升机降落。另外还配置了两架云雀式直升机和机务人员。靠着这些现代化的工具，搬运化石就方便得多了。斯坦西奥（Stensiö）教授，是斯匹次卑尔根群岛地区著名的古生物学研究者，在第一次世界大战时，他曾经做过几次探索。那时他只有一艘小帆船，穿越萨森（Sassen）谷就花了一天的时间，而坐直升机，同样的路程只需要 5 分钟。根据以往的经验，直升机是古生物学家最宝贵的勘测工具。

探测队包括 20 多位研究人员和大学生，分属自然史博物馆的古生物学院、蒙彼利埃大学和普瓦提埃（Poitiers）大学。他们分成 4 组，进行地貌研究。斯德哥尔摩自然史博物馆的雅尔维克（Jarvik）教授也参与了我们的工作，他是研究泥盆纪鱼类的专家。

在 1964 年第一次的勘测任务中，我们收集到相当丰富的鱼类和两栖类动物头骨资料。那次任务之后，我们深信，组织一次大规模的探索活动，并配备良好的运输方式和研究人员，即使只在夏

直升机飞在斯匹次卑尔根群岛的伊斯湾（Isfjord）上，运送法国古生物探险队的物资。要在极短的时间内，获得有效的工作成果，这种有力的配备是必不可少的

天进行，其成效也会超过那些花费一整年时间，但装备简陋、人员不足的探索活动。此次结果证实的确如此：我们带回了 23 吨化石，足供几年的研究。

冰山和极地的毛茛

斯匹次卑尔根群岛有不少海岛。挪威人把这片领土称为“Svalgard”，这个名字源于 11 世纪时的冰岛，意思是寒冷的海岸。斯匹次卑尔根群岛的西部，面积为 3.9 万平方千米，由于有丰富多样的沉积岩，对古生物学家来说，这是最吸引人的部分。

这个群岛的主要城市朗伊尔城（Longyearbyen）与格陵兰北部的图勒（Thulé）处于同一纬度。但是，由于墨西哥湾流（Gulf Stream）的关系，斯匹次卑尔根群岛的年平均气温是零下 4.2 摄氏度，永冻层的土地厚度则为 300 米，气候不像格陵兰岛那样严酷。在斯匹次卑尔根群岛西部海域，没有冰帽覆盖，而冰川覆盖了格陵兰大约三分之二的面积。

1969 年夏天，气候特别温和，下雪和有雾的日子很少。但是由于前一年的冬天非常寒冷，冰雪还封锁着伍德（Wood）峡湾，船只开进去有些困难。在探索活动的末期，我们在斯匹次卑尔根群岛西部和埃季岛（Edgeöya）之间的海峡，也就是斯图尔峡湾（Storfjord），又再度遇到冰山。

在斯匹次卑尔根群岛，生活环境少有变化。没有大树，桦树和柳树十分矮小（苔原地带）。当地最有名的植物，要算挪威人所说的“驯鹿玫瑰”，这种花有 8 片白色的花瓣。此外，遍地都是斯匹次卑尔根罂粟、极地毛茛、鲜红的虎耳草等。

动物则屈指可数。那里的驯鹿品种，比拉普兰（Lapland）多。夏天时白熊十分罕见。格陵兰岛的海象和鲸鱼已经绝迹，但是海豹很多。麝牛是从格陵兰岛引进过来的。极地常常有狐狸出没，光顾过我们的营帐好几次。鸟类很多，例如海雀、黑雁、燕鸥、大嘴海鸭、雪山鹑等等。

化石丰收

我们这次在植物化石上可说是丰收，总共取得约 2.5 吨重的材料。这些植物化石包括：

——裸蕨目植物（*psilophytales*）：这类植物保存完好，带着孢子囊。有时

适用于北极地区的完善装备，可以让工作人员完成艰苦卓绝的工作

甚至整棵植物变成了化石。

——鳞状植物（*lépidophytales*）：这类泥盆纪最早的鳞状植物，一般来说印痕不太清晰。但是在斯匹次卑尔根群岛收集到的化石中，这些植物化石仍保存得很好。就法国所收藏的化石而言，这是第一次取得完整的泥盆纪植物。

——三叠纪的植物：蕨类、苏铁科植物、树木化石。

——第三纪植物：木贼、蕨类、裸子植物（松科、巨杉等）、单子叶植物（鸢尾、芦苇等）、双子叶植物的树木（杨树、橡树、桦树、胡桃树、榆树、枫树）和木兰属植物。

这次探索带回了布满树叶化石的美丽石板。……

当然，参与这次探索的古生物学家大都是研究脊椎动物的，他们倒也尽可能地收集无脊椎动物的化石：二叠纪—石炭纪的纺锤虫类（*fusuline*）和腕足纲、四射珊瑚虫纲，还有菊石，以及三叠纪的瓣鳃纲。

大量的无颌类动物（原始的无颌类脊椎动物），是从本尼维斯（Ben Nevis）峰的山坡,以及普特拉斯皮斯(Pteraspis）峰挖掘出来的。这是一个著名的地层，长久以来一直是研究脊椎动物古生物学的宝库，因此我们担心已经挖得差不多，找不到有价值的化石了。但是，拜直升机之助，尽管我们在此遇到了浓雾和暴风雪，收获还是十分丰硕。

我们收集到的重要化石，有 30 多个头骨标本，属三叠纪晚期，保存完好。与今天的情况不同，这些头骨属于一大群种类繁多的两栖动物。研究它们的习性，可以知道最原始的四足动物如何在陆地、淡水甚至海洋里扩张。我们还发现了一个保存完好的鱼龙头盖骨。在埃季岛，则找到了一副蛇颈龙的完整骸骨，不过已经裂成碎片。

勒芒（J. P. Lehman）

《原子》274 期

为工业服务的化石

化石是研究生物演化时的重要依据，是推算地质年代的基础，而且化石还有经济上和工业上的用途。无论就其本身性质、特点，还是就其数量来说，化石在探测和开发自然资源方面都发挥了举足轻重的作用。

化石能准确地标示出沉积岩的地貌，也有助于了解已消失环境中的生物、化学以及物理条件。因此，化石经常用来协助矿物和石油的探勘。在这方面的用途上，主要是运用无脊椎动物化石（尤其是遍布古老海洋地层的贝壳），还有微生物化石。研究了这些化石后，可以得到可靠的证据，来判定煤层、碳氢化合物、铁矿和多种有色金属（铜、铅、铀、镍、锰等）矿藏的位置，也可以估计硫化物、硫酸盐、磷酸盐、石膏等的蕴藏情况。

有孔虫类是现代地质学中最受瞩目的化石，石油蕴藏的线索可从这类化石中得到。

石油这种液体岩石，是由解体的有机物保存在“臭泥”中所形成的，也就是大量堆积的微生植物（海藻、孢子、花粉），以及海洋微生物在污泥中腐烂后形成的。石油是一种有机物质的化石。

化石也和多种岩石的形成有关。这些岩石因其特性，各有特定的用途。

煤是植物解体后所形成的化石，是人类最早运用的矿物能源。石油则是重要的现代能源。这两种矿物都是储存起来的化石能源。

石灰石重要性稍逊，但同样不可或缺。白垩在工业上的用途非常广泛：油灰和涂料、滑石粉、建筑材料（法国卢瓦尔河流域白色城堡的建材，用的是白垩）。穴居人的洞穴支柱等，也是以石灰为主要材料。并且白垩是组合水泥、灰泥的成分。其他的石灰石，可用来制造碎石和方石。巴黎的许多纪念性建筑物，用的就是石灰石。

磷酸盐的磷，来自有机物（直接来自贝壳和骨头，或是间接来自有机物和排泄物的腐烂）。磷酸盐在化学工业上的用途很广，可用来制造清洁剂、摄影产品、化学肥料、农药等。

硅质岩不单是美丽的碧玉，由硅藻类形成的硅藻土，多细孔，质轻而硬，可用作过滤物，制糖业、制药业和化学工业都会用到；硅藻土也可做吸收剂（制造炸药用），或者做滑石粉（硅藻土）。

燧石是较不为人知的例子。由放射虫类、硅藻类和海绵所分泌的硅，在这些生物死亡的时候会先融解，再沉淀为结晶体的燧石。燧石是人类最早使用的物质，也是在几万年中，人类加工制造的唯一物质。后来，燧石用来做成火石、打火石、铺路碎石。燧石也进入了现代建筑业，是混凝土的主要成分。

盖拉尔－瓦利

微体生物学的神奇世界

微体生物学，是研究微体化石物质的科学。这门科学，引领我们到一个非比寻常的世界。古代的微体生物由于化石作用，完整保持了最细微的结构，我们必须通过电子显微镜的扫描，放大8万倍后，才观察得到。

微体生物的世界千变万化。构成这个世界的有机物类型，有些属于动物界，有些属于植物界，这些有机物是浮游生物的主要成员。每一个个体只有一个细胞，外面包围着钙或硅的壳或外骨骼，是由细胞本身的分泌物所形成的。在细胞死亡后，只有壳或外骨骼仍然存在。历经几亿年，这些微小的骨骼经年累月堆积，终于形成巨大的沉积岩地层。

放射虫类是原生动物，属于动物界。这种虫类从古生代开始就已经存在，今日各个海洋中也有它的踪影。放射虫死后，坚硬的硅质骨骼会沉积在海洋底部。历经各个地质时期，这些堆积的骨骼，就形成了所谓的放射虫岩石。

目前所知的放射虫有几万种，它们骨骼的形状千变万化，球形、有角的棱柱形、分叉的刺形、头盔形、有脚瓮形、花篮形、提灯形等，不胜枚举。

放射虫岩石非常坚硬，颗粒非常精细，光滑美丽。这些岩石可厚达几百米，而且往往位于山脉中，如阿尔卑斯山。放射虫岩石形形色色，以碧玉最闻名于世。

放射虫岩石是稀有的装饰性宝石，色彩缤纷绚丽：从蓝紫色和各种层次的紫色、绿色、黄色、红色，一直到棕色。自古以来，碧玉就用于纪念性建筑的装饰，其中较为著名的例子是意大利佛罗伦萨的美第奇家族所建的“小教堂”，以及巴黎歌剧院的楼梯。目前碧玉仍用于制作雕像、装饰品和首饰。

硅藻类是另一种有微小硅质骨骼的藻类，生活在淡水或海水中。最古老的硅藻类可追溯到中生代时期。每个硅藻都分泌出一个有两瓣的硅藻壳，上面有繁复多样的图案：珠子、网络、斑点、小刺、杆形物、凸纹、平行纹或放射纹。这一切组合在一起，产生出美丽的图案，如同精美的首饰。

无数的硅藻壳累积在淤泥中，逐渐形成所谓的硅藻土。在1立方米硅藻土中，约有500亿个硅藻！

硅藻壳的厚度，可以达到几百米。这种白色易碎的物质，常被用作研磨剂，被称为“硅藻土”。硅藻壳也是非常轻的建材。土耳其君士坦丁堡的圣索菲亚清真寺的圆顶，就完全是用硅藻土建成的。

另一种常见的岩石——白垩，形成的过程也与一种单细胞藻类——球叶磷

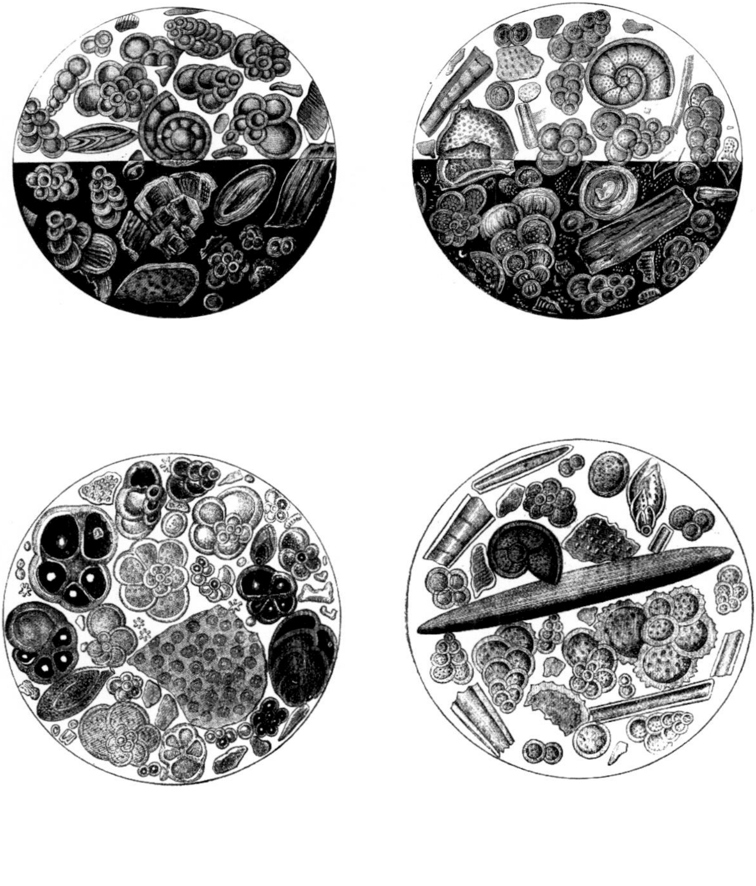

19 世纪绘制的微小化石，见于菲吉耶（Figuier）的《大洪水之前的大地》

藻有关。这种藻类在温带和热带的海洋中繁殖，细胞外围覆盖着各式钙质外壳。它们在白垩纪时繁殖迅速，几乎整个欧洲都有白垩的沉积。据估计，每 1 立方厘米的白垩，就含有 1000 万个钙质外壳！如此微小的生物，却能集聚成如此庞大的白垩岩石，两者在体积大小上的极端对比，令人感到惊讶。

此外，在"白垩海"中，堆积如此大量的钙质细泥，需要耗费的时间也是非常惊人的。在良好条件下，1 立方米的白垩中所含的钙质外壳，可以跟 10 万立方米海水中所含的量同样多。

至于有孔虫类，也是单细胞生物，通常有钙质的壳。有孔虫类的种类繁多，它们由一个个小室相接成介壳，结构极为复杂。另一个奇异之处，在于各类有孔虫的大小差异。最小的个体只有 0.001 厘米，最大的个体有 10 厘米，两者之间的差距达 1 万倍！从古生代到今日，它们分布于各海域中，也形成了许多岩石。

在古代，一些体形较大而形状较奇特的有孔虫类化石，常被视为麦粒、钱币或小扁豆，并引发了许多传说。

通过古微生物学的观察，可以发现另一个有趣的现象，就是在白垩中所含的燧石团块，含有尚未矿物化的浮游微生物。这是因为在燧石形成的过程中，硅质先融解，然后逐渐沉淀，变成结晶状。这些团块会困住一些微生物，把它们变成木乃伊般的物质。虽然这些微生物的有机质已经产生变化，形状却维持不变，且一直清晰可辨。至于白垩中燧石的形成过程究竟如何，现在仍不能断言。

古微生物学还研究许多其他的微生物群体，本文无法一一列举。

以下再介绍一种特殊的微生物群——孢子和花粉。在某些沉积岩中，孢子和花粉数量很多，加以鉴定后，可以重现古代的植物。根据鉴定出的结果，可以建构出古代几个重大地质时期的环境，接下来，就可以推测在数百万年的时间里，地球上的气候——虽然有时候会突变——是如何逐渐演变的。

盖拉尔 - 瓦利

现代古生物学家

在自然科学的众多学科中，古生物学最需要广博的知识，而且这些知识又要以复杂的专业技术为基础。古生物学研究由田野工作开始，最后则要依靠实验室内的研究，获得具体的结果。

由于古生物学要从岩石中取材，因此古生物学家最重要的事是从事田野工作。他要探测和挖掘，所以必须和地质学家合作，本身也得具备地质学的基本知识。

实际进行挖掘的队伍，除了专业的技术能力外，充沛的体力和良好的耐力也是不可或缺的。

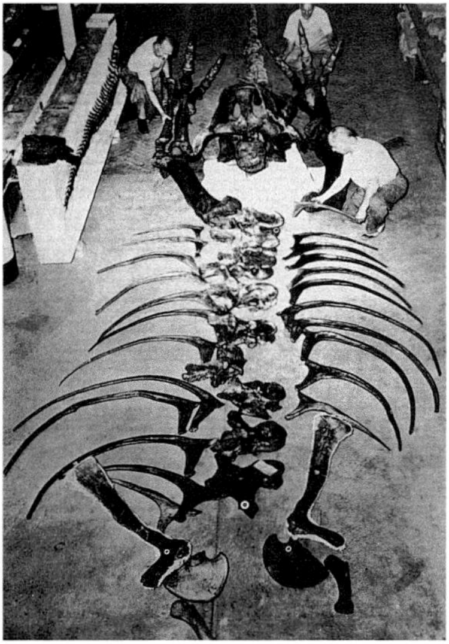

田野技术

发现化石可能是很偶然的事，只要是挖掘泥土，就都有机会发现化石遗骸。化石有时就暴露在悬崖裂开的岩石之间；在沙漠地区，因地表长期受风化和侵蚀作用，化石可能露出地面。

但是，偶然的发现，毕竟可遇不可求。为提高发现化石的概率，首先要尽量收集关于这个地区的地质资料，研判化石可能存在的地点。接着要进行有系统的勘测，由地质学家、沉积学家和古生物学家一起工作。有时候，需要经过好几批人员的努力，才能确定值得挖掘的地点。

根据化石和地层的性质，挖掘的技术也各有不同。有时需要运用极精密的设备和极严谨的方法。等到化石挖出，送往实验室后，还需要做一些准备工作，才能够正式开始研究。

研究前的准备工作

化石很可能因为易碎或已经破裂，而很难加以研究，而且化石几乎都与沉积物混杂在一起。

如果是大型化石，就要在实验室中

把它从岩石内取出来。如果化石在搬运前已经先包了一层石膏，则必须先把这层保护壳敲碎。在除去杂质的过程中，会用到的工具有钢凿、刀子或刮刀。

如果杂质很薄，而化石又很小，就要用到更精细的工具，如钢针、电钻、小型钻、石头锯子、精密充气镐。操作这些工具需要灵巧和耐心，还得对化石十分熟悉。

光学仪器也是不可或缺的，常用的是光学显微镜或双目放大镜。

非常精细的突起部分（甲壳、真皮），则是利用小型喷沙器或者在超音波箱中取出。

如果化石的耐酸性高，可利用酸来剥离碳化的岩石。常用的酸有醋酸和甲酸，但在进行时要非常谨慎小心，以免化石受腐蚀。

有时候，骨骼化石也必须取出，以进一步研究在解剖上有重要价值的部位，如脑、神经、血管和内耳半规管等。当化石自岩石中显现时，必须连续使用很淡的丙酮胶稀释液，以强化化石。

很薄和易碎的部分，例如微小骨骼、叶子和花，必须先包在聚酯树脂中，再进行处理和观察。

要观察这些脆弱结构的内部形态，需要非常专门的技术。例如系列切面法，可以将化石切成 20μm（μm 代表 0.001 毫米）的薄片。至于系列磨损法（在 20 ~ 40μm 的间距进行），其技术原理和切面法相似，不过要逐步将标本磨去。

若要观察腔肠动物、植物非常精细的内部结构时，需要准备 30μm 的薄切片。微型结构则要用仅 2μm（肉眼能见的极限）的超薄切片来观察。所有这些薄切片都要在一般光线或偏光下，用双目放大镜或显微镜加以观察。

小型哺乳类动物的牙齿，可以用胶水固定在针尖上，再插在软木上。如果要避免损坏牙齿化石，可以制作小型的树脂铸型，再用电子扫描显微镜来观察。

微型化石和植物

要取出微型化石时，必须先将周围的沉积岩磨掉。如有必要，可以放在醋酸里，溶解掉表层杂质；或者将化石放进特殊的液体中，让化石浮上来，而与杂质分离。花粉和孢子可以用同样的方法处理。至于植物化石则需要专门的技术，因为叶子、叶脉和茎的印痕都非常浅。

分析技术

这是指为研究而用到的技术，专门应用在实验室内。

最基本的技术是直接观察，观察是为了了解化石的性质、保存状况、大小、颜色、表层杂质的质地等。古生物学家必须以他所有的专业素养和观察能力，将相关要点掌握至最细密的程度。观察的才能，是古生物学家应具备的基本能力。

光学仪器、放大镜和显微镜是少不了的工具。观察内部要用到光纤，对于观察细微的外部结构和微生物，电子扫描显微镜是必备的。

一些化石结构的保存状况极佳，可以放大到 8 万倍!

对于化石研究的各个阶段来说，摄影也是十分重要的。古生物学实验室最好要配置一组完备的摄影器材，以拍摄并冲制黑白照片以及立体照片。同时还要运用形形色色的灯光设备，包括紫外线和红外线等。

X 线摄影是一种常用技术。利用这种摄影方法，能够在一大块样品中确定化石的位置，并且显示一个标本的内部形态（腹腔、牙根等）。

最后，要把化石画下来。首先需要精密测量化石，这也是研究化石必不可少的步骤，之后则要跟同类或相似的化石做比较。画出的图可以是简化的，可以是强调重要部位的，也可以着重凹凸起伏处，还有些则是把缺少的部分补画出来。

研究一块化石，往往要借助制作模型的技术。如果化石是属于遗留下的痕迹，也就是“外模”，那么就要用一种能迅速硬化的物质，注入这个天然的模子内，这样做出的模型，就可以恢复生物原有的形态。

制作模型的物质应该易于使用、可靠而坚固，而且用途广泛。有些特殊的模型，是用合成树脂、乳胶或齿模的物质做成的。石膏可用来补充一个标本损坏了的或者缺少的部分，也可用来复制一块完整的化石。

微生物

要进入微生物世界，需要运用非常专门的物理和化学观察技术：用偏光来做显微镜观察，或运用紫外线、电子扫描显微镜、电子微量分析等。

数学分析

现代古生物学家，比以往更加倚赖数学，例如生物统计学。古生物学家依研究所需，选出一系列的测度数值，以基本统计学的方法进行分析。最后，要对化石标本进行多维分析时，就得借助电脑了。

今日的古生物学家

上面各点，就是可供现代古生物学家运用的研究方法，也是他们应该能够掌握的技术。此外，专业领域的区分也日益明显。

35 亿年的期间内，各类形态的生物不计其数，古生物学家在这个浩瀚的领域内，势必再求专精。研究者可能是古微生物学家，或是古脊椎动物学家，往往只集中研究一个特殊的种类。如果再进一步细分，所谓古生物学家，可能是有孔虫类专家、双壳类软体动物专家、棘皮动物专家、爬行动物专家、小型哺乳类动物专家。

另外，由于物种随时间而演变，所以有人专门研究石炭纪的植物，有人专注于二叠纪至三叠纪的两栖类动物，有人只研究恐龙、上新世的马科等，不一而足。

古生物学家的工作自野外开始，因此要具有扎实的地质学知识。此外，古生物学家既要了解古代世界，又要重新建构出他所研究的那个奇异世界，因此除了地质学之外，他还应当扩展知识范围，尽可能吸收一切自然科学领域的知识。

若要重新建构出已灭绝生物的生活方式，势必要了解它们的栖息环境，而这些又与地球上的自然现象密切相关：大气的改变、大陆与海洋的变动、气候的变化等等。

古生物学家还有一个必要条件，他要具备各种生物学的知识，包括遗传学和胚胎学的基本原理，还有生物学可能的应用范围。

此外，我们或许还可以再列出，古生物学家也要掌握物理、化学、数学等学科的基础概念。

为了运用自己已有的知识，并且获得新的知识，古生物学家使用了最后一项工具——文献编目。这就是说，所有的发现都必须发表出来，唯有发表了，这项发现才会得到正式的承认。

因此，古生物学家和其他学科的学者一样，不得不经常将他的工作成果写成报告，并且力求写得准确清晰。

今天，古生物学家不再是孤立地工作了，他与横跨各学科的技术专家和研究者共同合作，有时还从事国际交流。现代古生物学是自然科学中最复杂的一门学科，为了有良好的发展，有赖各方尽善尽美的合作。

盖拉尔 - 瓦利

摘自《恐龙的足迹》

《档案材料，历史和考古学》102 期

图片目录与出处

卷首

摄影。原载普菲赞梅耶的《西伯利亚东北部的长毛象尸体和原始森林的类人猿》(*Mammutleichen und Urwaldmenschen in Nordost-Sibirien*)，1926 年。巴黎第六大学古生物学中心。

第一章

章前页 博尔卡峰（monte Borca）的鱼化石。摄影。巴黎，国立自然史博物馆。
第 1 页 尼安德特人复原图。
第 2 页上 贝壳化石穿成的项链。巴黎人类博物馆。
第 2 页下 新石器时代的大理石制品，顶端有人形图案，与其他化石埋在一起，在撒哈拉沙漠被发现。巴黎人类博物馆。
第 3 页左 格里玛尔蒂人的骸骨。摄影。
第 3 页右 头盖骨上的腹足纲动物化石。
第 4 页 雕刻成蛇形的菊石。英国约克郡博物馆。
第 5 页左 羊首的阿蒙神雕塑。苏丹国立博物馆。
第 5 页右 惠特比城的纹章。
第 6 页 有须独眼巨人的葬礼面具。里昂，高卢文明博物馆。
第 7 页 独眼巨人。版画。J. Sluperius 绘。1572 年。
第 8—9 页 长毛象的骸骨。摄影。巴黎，国立自然史博物馆。
第 9 页下 异化的乳齿象颚骨。版画。载《里昂博物馆档案》。1879 年。巴黎第六大学。
第 10—11 页上 恶魔宴会中，一副组合好的人石骨架。版画。雷蒙迪（Raimondi）作。佛罗伦萨，乌菲齐美术馆。
第 11 页下 中国龙。织绵。
第 12 页上 争夺海胆壳。中世纪木刻。
第 12 页下 困在琥珀中的蚂蚁。摄影。
第 13 页上 传说用作药物的蟾蜍石。木刻。
第 13 页下 舌石“树”。摄影。德国，德累斯顿市立艺术馆。
第 14 页 养独角兽的贵妇。织锦。15 世纪。巴黎，国立中世纪博物馆。
第 14—15 页 马可·波罗遇到巨鸟。细密画。巴黎，国立图书馆。
第 15 页下 翼龙画像。版画。载基歇尔的《地底世界》(*Mundus subterraneus*)，1678 年。

第二章

第 16 页 古物陈列室。绘画。17 世纪。
第 17 页 图片。载西拉（Scilla）的《无意义的猜测》(*La Vana Speculazione di Singannata dal Senso*)，1670 年。那不勒斯。
第 18 页 以彩画装饰的字母。载老普林尼的《博物史》。15 世纪手抄本。
第 19 页上 地球。细密画。载英国人巴特拉米(Barthélemy)的《物性论》。15 世纪手抄本。巴黎，国立图书馆。
第 18—19 页 巴黎于博（Hubaut）学院的日常生活场景。13 世纪手抄本。巴黎，国家档案处。
第 20 页 贝壳化石。版画。载柯洛纳的《舌形石论》(*De glossopetris dissertatio*)。1616 年。罗马。
第 21 页上 古物陈列室。版画。17 世纪。
第 21 页下 炼金术士。版画。17 世纪末。
第 22 页左 化石分类。版画。载格斯纳（C. Gesner）的《化石全编》。1558 年。
第 22—23 页 阿尔德罗万迪的《矿物博物馆》(*Museum metallicum*) 卷首插画。1648 年。
第 23 页下 化石图。版画。出处同上。
第 24 页上 格斯纳的《化石全编》封面。
第 24 页下 贝利西公开演讲。版画。19 世纪。
第 25 页 海百合化石。版画。载格斯纳的《化石全编》。
第 26 页 鲨鱼嘴。版画。载瓦伦蒂尼(Valentini)的《博物馆》(*Museum museorum*)，1704 年。

第 27 页上　史丹诺肖像。油画。佛罗伦萨，乌菲齐美术馆。
第 27 页下　舌形石。版画。载瓦伦蒂尼的《博物馆》。
第 28 页　《巨人伟绩史》(*Histoire de la grandeur des géants*)，17 世纪。
第 29 页　巨人塞勒通（Scélédon）。版画。载基歇尔的《地底世界》。
第 30—31 页　石化的菊石和腹足纲动物。载克诺尔和瓦尔希的《大自然的奇迹和地球古物的收藏，含石化物》，1755 年。
第 32 页　贝壳和甲壳动物化石。出处同上。
第 33 页　植物化石。出处同上。
第 34—35 页　冯·盖里克根据莱布尼茨的叙述所拼凑出的独角兽。1749 年。
第 35 页　淹没世界的大洪水。石版画。19 世纪。
第 36 页　舍希策尔肖像。版画。载舍希策尔的《神的物理学》(*Physica sacra*)，1731 年。
第 37 页　植物化石。版画。出处同上。
第 38 页上　挪亚方舟。出处同上。
第 38 页下　大洪水的灾难。出处同上。
第 39 页　“大洪水见证人”。出处同上。
第 40—41 页　世界的创造。出处同上。
第 42 页　马斯特里赫特巨兽的发现。版画。载福雅的《圣皮埃尔山博物史》(*Histoire naturelle de le montagne Saint-Pierre de Maëstricht*)，1799 年。
第 43 页上　马斯特里赫特巨兽。摄影。
第 42—43 页　鳄鱼骨架。版画。载福雅的《圣皮埃尔山博物史》。
第 44 页　布丰的《自然史》封面。
第 45 页　布丰肖像。水彩画。卡蒙泰勒（Carmontelle）绘。
第 46 页　林奈肖像。帕施(L. Pasch)绘。巴黎，凡尔赛宫博物馆。
第 47 页上　林奈的《自然系统》(*Systema Naturae*) 中的图表。1735 年。
第 47 页下　巨嘴鸟。布丰按照林奈的分类，在《自然史》中的插图。

第三章

第 48 页　翼手龙。无名氏绘。19 世纪。
第 49 页　居维叶肖像。版画。19 世纪。
第 50 页　蝾螈。载居维叶的《动物日志》(*Diarium Zoologicum*)。伊埃雷市立图书馆。
第 51 页上　鸟。出处同上。
第 50—51 页　巴黎植物园的梯形解剖室。石版画。施瓦茨（Schwartz）绘，1813 年。巴黎，博物院图书馆。
第 52 页上　居维叶在巴黎大学讲课。石版画。无名氏绘。19 世纪。
第 53 页上　蝾螈。居维叶手稿中的插画。巴黎，法兰西研究院图书馆。
第 52—53 页　象化石。绘画。载居维叶的《论活象和象的化石》，1796 年。巴黎第六大学，脊椎古生物学中心。
第 54 页上　乳齿象的牙齿。绘画。载居维叶的《四足动物骨化石研究》(*Recherches sur les ossements fossiles*)，1812 年。
第 54—55 页　1850 年的蒙马特高地。石版画。无名氏绘。19 世纪。
第 55 页　居维叶肖像。庞塞·卡慕（Ponce Camus）绘。巴涅尔 - 德比戈尔（Bagnčres-de-Bigorre）博物馆。
第 56 页　负鼠化石，蒙马特高地挖掘出的石膏。载居维叶的《四足动物骨化石研究》。
第 57 页　翼手龙。载布里安的《史前时代动物》(*Tier der Urzeit*)，1941 年。
第 58—59 页　大懒兽。载居维叶的《四足动物骨化石研究》。
第 59 页　大懒兽骨架。出处同上。
第 60 页上　在旁坦(Pantin)发现的古兽骸骨。出处同上。
第 60 页下　古兽复原图。出处同上。
第 61 页上　拉马克等人合编的《博物史日记》(*Journal d'Histoire Naturelle*)封面。1792 年。
第 61 页下　拉马克肖像，版画。

第 62 页上 二叠纪的鱼化石。摄影。巴黎，国立自然史博物馆。
第 62 页下 古海底，由海洋生物残骸形成的沉积岩。摄影。
第 63 页上 已知最古老的章鱼器官的印痕。摄影。巴黎，国立自然史博物馆。
第 63 页下 鱼类化石。出处同上。
第 64 页上 曲颌形龙。出处同上。
第 64 页下 始祖鸟。出处同上。
第 65 页上 始新世的鸟，多种形态集于一身。出处同上。
第 65 页下 留在二叠纪沼泽淤泥表面的爪印。出处同上。
第 66 页上 暴龙类化石。出处同上。
第 66 页下 两栖类化石。出处同上。
第 67 页上 剑齿虎的头盖骨。出处同上。
第 67 页下 灵长类动物头盖骨。出处同上。
第 68 页 达尔文、莱伊尔与胡克。绘画。伦敦皇家外科学院。
第 69 页上 鸟化石，从巴黎的采石场挖掘出来。乌达尔（Oudart）绘。载《德·奥尔比尼地图集》(*Atlas de d'Orbigny*)，1869 年。
第 69 页下 德·奥尔比尼肖像。石版画。
第 70 页 蕨类的形态。载布伦尼阿的《植物化石史》(*Histoire des végétaux fossiles*)。
第 70—71 页 同上。
第 71 页 以达尔文为讽刺对象的漫画。载《伦敦速写簿》(*The London Sketch Book*)。

第四章

第 72 页 鱼龙和蛇颈龙的搏斗。石版画。载霍金斯的《巨大的海龙》(*The Book of the Great Sea Dragons*)，1840 年。
第 73 页 在贝尼萨尔地层中找到的一只禽龙。摄影。布鲁塞尔，皇家自然科学中心。
第 74—75 页 挖掘一头犀牛的遗骸。版画。载巴克兰的《洪水时代的遗骸》(*Reliquiae diluvianae*)，1823 年。
第 75 页 曼特尔肖像。伦敦地质学会。
第 76—77 页 地质图。载巴克兰的《地质学和矿物学跟自然神学的关系》(*Geology and Mineralogy Considered with Reference to Natural Theology*)，1838 年，巴黎第六大学，脊椎古生物学中心。
第 78—79 页 鱼龙和蛇颈龙的骨架。石版画。无名氏绘。19 世纪。
第 80—81 页 1857 年 4 月，欧文在一次古生物学演讲会上。石版画。
第 81 页下 欧文肖像。摄影。
第 82 页上 1853 年在禽龙腹中的晚宴。石版画。19 世纪。
第 82—83 页 由霍金斯所制作的史前动物在水晶宫展示。石版画。19 世纪。
第 84 页 安装贝尼萨尔禽龙的骨架。布鲁塞尔，皇家自然科学中心。
第 85 页上 同上。
第 85 页下 安装完成的禽龙骨架。

第五章

第 86 页 猛犸象。布里安绘。
第 87 页 一位矿工。版画。载弗拉马里翁的《人类诞生之前的世界》(*Le Monde avant la création de l'homme*)，1886 年。
第 88 页上 达拉斯郊区一位农场主蒂德维尔，在田里发现了一具蛇颈龙的骨骼。摄影。
第 88 页下 三叶虫的漫画。载英国《笨拙》(*Punch*)杂志。
第 89 页 在法国找到的象化石。石版画。19 世纪。
第 90 页 渡过圣露西亚（Santa Lucia）河。石版画。亚当（V. Adam）与奥莱尔（A. Saint-Aulaire）根据德·奥尔比尼一幅速写所绘。
第 91 页 始祖鸟。载布里安的《史前时代动物》。
第 92 页上 玛丽·安宁肖像。大英博物馆。
第 92 页下 在巴黎国立自然史博物馆举行的“梁龙晚宴”的菜单。

第 93 页　巴黎国立自然史博物馆里的梁龙。石版画。
第 94 页上　大英博物馆自然史分馆。石版画。
第 94 页下　象鸟。石版画。
第 95 页　巴黎国立自然史博物馆的古生物陈列厅。摄影。
第 96 页　霍金斯在水晶宫的工作室。石版画。1853 年。
第 97 页　海怪。奈特绘。纽约，美国自然史博物馆。
第 98—101 页　重新建构已经消失的世界。石版画。载舒伯特（Schubert）的《矿物界的博物史》（*Naturgeschichte des Mineralreiches*），1880 年。

第六章

第 102 页　梁龙。载布里安的《史前时代动物》。1941 年。
第 103 页　从斯匹次卑尔根群岛到奥斯陆博物馆。摄影。
第 104 页　科罗拉多州一个寻找化石的人。石版画，19 世纪。
第 105 页上　阿默斯特学院的阿普尔顿（Appleton）陈列室内部。石版画。
第 105 页下　莱迪肖像。摄像。
第 106—107 页　挖掘乳齿象。皮尔绘。美国，巴尔的摩皮尔博物馆。
第 108 页上　马什和他的学生们准备挖掘恐龙。摄影。耶鲁大学，皮博迪博物馆。
第 108—109 页　柯普的探险。水彩画。雷克斯绘。出处同上。
第 110 页　穆奇教授。水彩画。出处同上。
第 111 页　《科学的乐趣》。水彩画。出处同上。
第 112 页　三角龙的头盖骨。摄影。
第 113 页上　运送恐龙的遗骸，布朗在加拿大阿尔伯塔省的探索。摄影，1912 年。
第 113 页中　布朗在加拿大阿尔伯塔省挖掘恐龙。摄影，1912 年。
第 113 页下　美国的古生物学家。摄影。纽约，美国自然史博物馆。
第 114—115 页　布里安的《史前时代动物》中的插图。
第 116 页上　斯坦伯格（C. M. Sternberg）和林德巴德（G. E. Lindbad）在加拿大的阿尔伯塔省。摄影。
第 116 页下　古生物学家在实验室中工作。摄影。
第 117 页　1977 年在西伯利亚苔原找到的幼年长毛象。摄影。
第 118 页　史前怪物。版画。载弗拉马里翁的《人类诞生之前的世界》。

见证与文献

第 119 页　版画。载阿尔德罗万迪的《矿物博物馆》，1648 年。
第 120 页　凡尔纳肖像。摄影。无名氏摄。19 世纪。
第 121 页　史前怪物的搏斗。石版画。里乌（Rioux）作。19 世纪。
第 122—123 页　史前怪物的搏斗。石版画。载翁格尔《理想中的原始森林》（*Ideal Views of the Primitive World*），19 世纪。
第 124 页　暴龙。壁画。奈特作。芝加哥，自然史田野博物馆。
第 127 页　海洋怪物。载布里安的《史前时代动物》。1941 年。
第 128—129 页　恐龙。布里安作。
第 130 页　圣路易肖像。
第 131 页　鱼化石。版画。18 世纪。巴黎，国立图书馆。
第 132 页　达·芬奇自画像。都灵，皇家图书馆。
第 134 页左　贝利西肖像。版画。巴黎，国立中世纪博物馆。
第 134 页右　鱼化石。版画。17 世纪。巴黎，国立图书馆。
第 135 页下　巴黎大学印章。巴黎，国家档案处。

第 136 页 布丰肖像。版画。18 世纪。
第 137 页 想象中的二叠纪时期景致。版画。载弗拉马里翁的《人类诞生之前的世界》。
第 138—139 页 马斯特里赫特巨兽。版画。载福雅的《马斯特里赫特的圣皮埃尔山博物史》，1799 年。
第 140 页 1794 年 11 月 4 日，攻占马斯特里赫特。版画。根据拉米(E. Lami)的叙述制作。巴黎，卡纳瓦莱博物馆。
第 142 页 居维叶肖像。石版画。19 世纪。
第 143 页 巴黎国立自然史博物馆，比较解剖学陈列厅。摄影。
第 144 页 巴朗德肖像。摄影。无名氏摄。19 世纪。
第 146 页 戈德里肖像。摄影。
第 147 页 雅典郊区风景。依据威廉姆斯(H. W. Williams) 绘画，由斯图尔特 (J. Stewart) 制作的版画。
第 148 页 梁龙。石版画。19 世纪。
第 149 页 安装梁龙。摄影。
第 150 页 安装在巴黎国立自然史博物馆大陈列厅的梁龙。摄影。
第 151 页 柳树干化石。摄影。
第 152 页左 青蛙化石。摄影。
第 152 页右上 鹦鹉螺化石。摄影。
第 152 页右中 苏铁类植物的花序化石。摄影。
第 152 页右下 真蛇尾化石。摄影。
第 153 页上 珊瑚骨骼化石。摄影。
第 153 页中 海胆化石。摄影。
第 153 页下 虾化石。摄影。
第 154 页上左 种子蕨化石。摄影。
第 154 页上右 羽毛化石。摄影。
第 154 页下 无脊椎动物组成的海相化石。摄影。
第 155 页 白杨树叶化石。摄影。
第 157 页 鹦鹉螺。绘画。19 世纪。
第 158 页 基质三硝基甲苯石灰岩。摄影。
第 159 页 足印。载菲吉耶(L.Figuier)的《大洪水之前的大地》(*Terre avant le déluge*)，1886 年。
第 161 页 蕨类植物化石。摄影。
第 162 页 后来变成煤的森林。石版画。载翁格尔的《原始世界图景》(*Tableaux des mondes primitifs*)，19 世纪。
第 163 页 后来变成煤的森林。石版画。载菲吉耶的《大洪水之前的大地》。
第 164 页 想象出来的奥莫谷生活环境。巴黎人类博物馆。
第 167 页 直升机协助古生物学家的勘察。摄影。
第 168 页 古生物学家的营帐。摄影。
第 171 页 微型化石结构。版画。载菲吉耶的《大洪水之前的大地》。
第 173 页 古生物学家重新组合出一只巨大恐龙的骨架。摄影。

图书在版编目（CIP）数据

化石的故事 ：藏在石头里的洪荒世界 /（法）伊维特·盖拉尔 - 瓦利 (Yvette Gayrard-Valy) 著 ；郑克鲁译 . -- 北京 ：北京出版社，2024.10

ISBN 978-7-200-16114-4

Ⅰ．①化… Ⅱ．①伊… ②郑… Ⅲ．①古生物－化石－普及读物 Ⅳ．① Q911.2-49

中国版本图书馆 CIP 数据核字 (2021) 第 009194 号

策 划 人：王忠波 向 雳　　责任编辑：王忠波 高 琪
学术审读：冯伟民　　责任营销：猫 娘
责任印制：燕雨萌　　装帧设计：吉 辰

化石的故事
藏在石头里的洪荒世界
HUASHI DE GUSHI
［法］伊维特·盖拉尔 - 瓦利 著 郑克鲁 译

出 版：北京出版集团
北 京 出 版 社
地 址：北京北三环中路 6 号 邮编：100120
总 发 行：北京伦洋图书出版有限公司
印 刷：北京华联印刷有限公司
经 销：新华书店
开 本：880 毫米 ×1230 毫米 1/32
印 张：6.25
字 数：197 千字
版 次：2024 年 10 月第 1 版
印 次：2024 年 10 月第 1 次印刷
书 号：ISBN 978-7-200-16114-4
定 价：68.00 元

著作权合同登记号：图字 01-2023-4206

Originally published in France as :

Les fossiles: Empreinte des mondes disparus by Yvette Gayrard-Valy

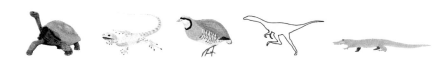